城乡规划·建筑学硕士论丛

赵和生　主编

明清贡院建筑

U0334165

著者：马丽萍

导师：郭华瑜

学科：建筑设计及其理论

学校：南京工业大学

东南大学出版社
SOUTHEAST UNIVERSITY PRESS

·南京·

内容提要

本书以明清时期贡院建筑为研究对象,围绕贡院建筑的功能需求对规划布局及建筑形制的影响这一核心研究思路,在文献查阅和实地考察的基础上,以中国古代科举制度发展史为基础,系统梳理了中国古代贡院建筑在千年发展中从草创走向成熟,形成独特建筑形制和完整体系的过程;并着重以明清两代贡院建筑实例作为重点研究对象,就选址、建筑规制、空间形式、贡院中重要单体建筑的演变等方面展开研究。

本书可供建筑历史、文化遗产保护研究人员学习,也可供相关专业师生及研究人员阅读、参考。

图书在版编目(CIP)数据

明清贡院建筑/马丽萍著. —南京:东南大学
出版社,2013.7
(城乡规划·建筑学硕士论丛/赵和生主编)
ISBN 978 - 7 - 5641 - 4403 - 6

Ⅰ.①明… Ⅱ.①马… Ⅲ.①科举考试-组织机构-
古建筑-研究-中国-明清时代 Ⅳ.①TU-092.4

中国版本图书馆 CIP 数据核字(2013)第 158103 号

书   名:明清贡院建筑
著   者:马丽萍
责任编辑:徐步政   编辑邮箱:894456253@qq.com
文字编辑:子雪莲

出版发行:东南大学出版社
社   址:南京市四牌楼 2 号   邮   编:210096
网   址:http://www.seupress.com
出 版 人:江建中

印   刷:南京玉河印刷厂
排   版:南京新洲制版有限公司
开   本:850mm×1168mm 1/32   印张:4 字数:110千
版   次:2013 年 7 月第 1 版 2013 年 7 月第 1 次印刷
书   号:ISBN 978 - 7 - 5641 - 4403 - 6
定   价:20.00 元

经   销:全国各地新华书店
发行热线:025—83790519 83791830

引　子

　　俯瞰全城，并没有什么特别值得称道的建筑，但目光所及之处倒是有一座建筑反映了中国文明中最好的一面，这就是举行科举考试的贡院。那一排排低矮的小屋足以容纳一万名考生，还有考官们住的大房子，以及高耸的、用以监考的多层瞭望塔——所有这一切都被高墙团团围住，墙上还长满了刺人的荆棘。每个城市，无论大小，都有一个类似的贡院。①

　　Looking over the city, the eye rested on nothing worthy of note in the way of architecture; yet there was one object which it fixed on as illustrating the best side of Chinese civilization. This was the Civil-Service Examination Hall, consisting of low cells, sufficient to accommodate ten thousand students, with larger rooms for examiners, and elevated stages for the police—the whole enclosed with a high wall coped with prickly thorns. Each city, large or small, contains a similar establishment. ②

---

　　①　（美）丁韪良(W. A. P. Martin)，著；沈弘，等译. 花甲忆记——一位美国传教士眼中的晚清帝国[M]. 桂林：广西师范大学出版社，2004. 本书是一位著名美国传教士的回忆录，主要描述了一位美国传教士眼中起伏动荡的晚清帝国，记录了作者在华生活的头 47 年中的感受和他所观察到的中国社会的方方面面。本书为当代国人提供从西方人角度审视中华文明近代史的独特视角。本书摘录的这段描写形象地为我们展现了晚清福建贡院的全貌。
　　②　Martin W A P. *A cycle of Cathay; or, China, South and North, with Personal Reminiscences*[M]. New York：Fleming H. Revell. 1986

目录

0 绪论

0.1 贡院的含义

贡院是古代选拔人才的场所,是科举考试的专用试场。我国科举之制,肇基于隋,确定于唐[①],至宋朝已形成比较完善的制度。明清科考程序大致可分四级(图 0-1),即童试、乡试、会试、殿试。明清各省治府城贡院是乡试的场所,京师贡院是乡试与会试的场所。科举制度下的选官正是从乡试这一级开始的。童试与殿试均不在贡院中举行。

本书的研究对象就是明清京城和各省级贡院建筑。武举场所则不在本书研究范围之内。

0.2 研究背景

2010 年 6 月,我的导师郭华瑜受委托对原上江考棚的正堂——南京第六中学行知馆进行修缮设计(如图 0-2),我有幸参加到其中,遂对古代考试类建筑产生兴趣。行知馆坐落在南京市第六中学内,旧为安徽士绅同治十二年(1873 年)集资修建的清代上江考棚预试的正堂。1904 年起为安徽中学,1923 年至 1927年,陶行知先生在此任校长,1947 年陶行知逝世一周年时,将大礼堂改名为行知馆以示纪念,行知馆名称由此而来。南京在明清期间设三处科举建筑群,分别是上江考棚、下江考棚和江南贡院。上江考棚和下江考棚分别供安徽和江苏考生预考之用,通过预试的考生方可在江南贡院参加乡试。明清全国乡试级别以下的考

---

① 何忠礼.二十世纪的中国科举制度史研究[J]. 历史研究 ,2000(6):142

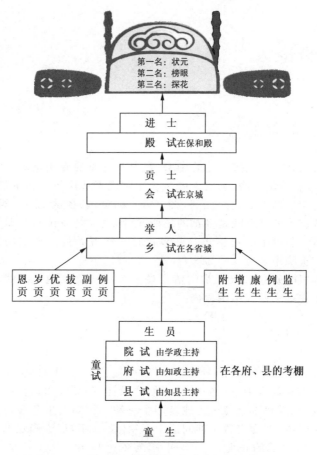

图 0-1 明清科举系统简图

试场所数量众多,有的附设在学政衙门,有的单独建有考棚建筑,不仅史料很难搜集,而且没有形成相对固定的建筑群。而乡试的贡院在数量上则是一定的,同时通过严密的科举制度形成相对固定的建筑形制。另外由于明清科举制度一脉相承,清代的贡院建筑也继承明代旧制,所以本书最终确定以明清贡院建筑为研究对象。

图 0-2　原上江考棚的正堂——南京第六中学行知馆

贡院是我国科举制度的特殊产物,是古代学子进行考试的场所。在南宋以后,中国的大城市中,凡是国家意识影响到的地方,贡院往往是最常见的建筑群之一,是最醒目的城市标志之一。贡院是古代一座城市教育文化的精神标志,折射着中央政权的控制力。

科举制度从隋朝大业元年(605年)开始实行,在科举考试制度实行的初期,还没有专门用于考试的建筑。唐代开元二十四年(736年)在礼部南院设立贡院的举动是中国科举史上的重大创举,它不仅使考试正规化,更提高了科举考试的严密性与严肃性。北宋后期才有地方贡院开始兴建;到南宋,贡院才在各地方城市普遍设立。经历了元代的废立波折之后,明清的科举更趋正规、严谨,不仅建设了大量贡院、考棚,而且在建筑布局、选址乃至建筑形制上都形成了自身特点,它严谨有序,功能复杂。贡院的规模庞大,在京城中可以说是仅次于皇宫的建筑群之一;在各省会城市中,则是与官府相当的建筑群。

随着最后一个封建王朝——清朝的没落,科举在 1905 年被废止,贡院这种专门用于考试的建筑也退出了历史舞台,逐渐被废弃。在之后的历史变迁中,有的被拆毁,有的被挪作他用,逐渐在改建、重建中面目全非。如今,全国各地遗存下来的贡院建筑屈指可数。当今,在党和政府大力倡导保护文化遗产的背景下,人们对历史文物建筑的价值认识不断提高。各地的贡院,在历经了沧桑岁月和炮火战争后,已开始被各级政府所重视,云南贡院、江南贡院等陆续被列为全国或省级重点文物保护单位,且贡院中遗留的一些单体建筑也逐渐被重视。对它们进行系统梳理研究,有利于贡院的保护和利用,而且将会使这一富有特殊文化意义的建筑产生新的社会价值。

长期以来,建筑史学界对与科举相关的国子监、文庙学宫、书院等的研究都取得了较大成果,然而作为科举建筑中重要而特殊的类型——贡院建筑,一直以来关注尚少,该领域的研究深度与系统性还有待挖掘。

0.3 研究目的与意义

0.3.1 理论意义

贡院作为中国古代科举制度的产物,尽管它已经退出了历史的舞台,却仍具有极大的历史文化价值。作为中国古代一种特殊建筑,既要作为满足几千人甚至几万人考试的场所,同时还要满足其他诸如"誊录、对读、饭食"等功能,可以说贡院建筑系统在千年的发展中逐渐成熟,并形成独特的建筑形制和完整体系。研究它对补充与完善中国古代建筑类型具有重要价值。另外贡院建筑遗存是科举文化的重要载体,认真加以研究有助于对中国古典建筑文化深层次的理解与探索。

0.3.2 现实意义

由于历史原因以及人们保护意识不够,目前全国遗存下来的贡院建筑缺损严重,遗存保护状况堪忧,如何更好地保护与传承之,需要我们认真思索。而深度了解该类建筑的各项特征是研究工作的第一步。尽管在长期的发展过程中,因地域、经济、文化之差异,各地的贡院建筑不可避免地有所差别,但作为一种成熟的建筑类型,在历经千年传承之后,最终仍以一种日趋定型的系统与规划建造模式传承下来。贡院建筑是中国传统建筑的一部分,贡院建筑的某一单体建筑形制会与其他建筑类型有相同或相似之处,但是它拥有一套自己完整的功能体系和使用特征,在整体组合后独具特色。我国科举文化历史悠久,现存的贡院单体建筑、遗迹都是重要的历史文化遗产。针对贡院建筑的研究可以加深对贡院这一建筑类型的认识与了解,并对其保护与修复设计给予一定的参考和借鉴。

0.4 研究的文献基础

0.4.1 国内相关研究成果综述

对于明清贡院建筑的研究,前人的研究成果从所有专业来看相对还是比较丰富的。

对贡院的研究大都来自于历史类和社会学的专著上。2004年出版的厦门大学刘海峰的《科举学导论》一书中,"贡院论"这一章节对历代贡院的含义、形成进行了探讨,分析了贡院从无形的机构名称到后来有形的贡院建筑诞生的过程;还有 2009 年出版的何忠礼的《南宋科举制度史》对南宋时期的礼部贡院和郡州贡院都进行了研究,但侧重于对贡院的建造年代、经费来源、主持官员等的研究;龚笃清的《明代科举图鉴》有几节对明代乡试的定制、场规、场所等进行研究的同时涉及贡院规制;1979 出版的刘兆的《清代科举》对清代科举进行过系统的论述,其中谈到清代科场规程并对贡院规制予以描述。建筑著作方面,郭黛姮主编的《中国古代建筑史·第三卷·宋、辽、金、西夏建筑》对北宋贡院皆就僧寺试之的概括有史实错误,而对于南宋贡院,则只对建康府贡院的主要建筑组成予以名称上的描述,并未对其各部分建筑功能与特点进行研究;潘谷西先生主编的《中国古代建筑史·第四卷·明代建筑》中只对明代贡院中的顺天府贡院中主体建筑的组成和布局予以说明,并未系统研究归纳明代贡院建筑的选址、形制等特点。

论文方面,对贡院的研究同样大都来自社会学类的期刊或会议论文。王新的《云南贡院》对云南贡院从明代诞生到现在变成云南大学的一个历史景点做了系统梳理,并简单介绍了各部分建筑组成;河边的《漫谈贡院》对中国有名的七座贡院做了历史沿革方面的介绍,但未对其建筑特点进行归纳;冯海清的《河南贡院——中国科举制度的终结地》对清代的四大贡院之一的河南贡院之历史沿革进行了梳理,指出其作为科举考试制度的终结地,在中国的科举史上具有重要的地位;梁庚尧的《南宋的贡院》对南宋时期贡院建筑的发展进行了剖析,不但依靠了正史、官书,还运用了大量的地方志、笔记档案等,对南宋时期贡院作为整个古代科举史的重要环节的发展状况做了初步研究,但侧重建造年代、背景动机、经费来源、主持官员等;在第四届科举制与科举学国际学术研讨会上,姜传松的《江西贡院史探》分早期、中期、后期三个阶段梳理了自北宋以迄民国间的江西贡院发展史,并在基于史料的基础上呈现了各时期江西贡院建筑形态结构,是一篇价值较高的文献资料;2000年史红帅的博士论文《明清时期西安城市历史地理若干问题研究》对明清时期陕西贡院的历史、形制依据正史,进行了分析;2005年吉林大学王凯旋的博士论文《明代科举制度研究》一文中提出了明代乡试的特点之一是实行严格的贡院管理制度的观点。这些著作和论文对贡院的形成与发展、贡院的形制布局、贡院建筑遗存保护都有所涉及。虽然都是从科举史的视角来研究的,但为我们从建筑学和城市规划的角度研究贡院打下了良好的基础,是研究贡院建筑不可缺少的环节。

回顾国内学界对贡院的研究,主要有以下两个特点:

首先,贡院是作为整个中国古代科举史的一个组成部分被学者研究的。贡院常常被纳入科举史视野下进行研究,是因为中国古代贡院的发展必须以科举制度的发展为先导,所以总是为历史研究者所重视。

其次,把贡院作为一种重要而特殊的建筑类型进行系统研究的成果较少;而从建筑学和城市规划角度对贡院建筑进行系统研究的成果还有待发现和挖掘。

综上所述,国内对贡院的研究尚称丰富,但大都是从历史学和社会学角度进行的基础研究。目前尚未见到从建筑学和城市规划的角度对贡院进行系统而深入研究的论著。

0.4.2 国外相关研究成果综述

国外相关研究以美国学者和日本学者的为主。早在 19 世纪末,外国学者便对中国古代贡院给予了极大的关注。美国传教士 W. A. P. MARTIN(丁韪良)在 1896 年出版的英文著作 *A Cycle of Cathay* 中形象地描写了福建贡院。此外不少日本和美国学者在当时留下了极为珍贵的影像资料。美国杜克大学数字图书馆于最近在网上公开了美国社会学教授 Sidney D. Gamble 在 1909－1932 年间,先后 4 次在中国旅行,用相机记录下的几千张影像资料,其中有几张贡院老照片。此外,日本学者足立喜六的《长安史迹研究》记载了 1906—1910 年在陕西任教时拍摄下的陕西贡院的明远楼。这些照片上的建筑几乎已经在历史的时空中彻底消失了。尽管国外学者的研究都不够深入,但这些资料都是本书研究的重要参考资料。

0.5 研究内容及方法

0.5.1 研究内容

(1) 在充分挖掘历史文献的基础上,对贡院建筑在古代的特殊功能作用及发展历程进行系统的归纳整理。

(2) 以明代的十五座贡院和清代的十七座贡院为重要研究对象,力图在史料搜集和整理方面对明清贡院的深入研究做出基础性贡献,通过系统的总结和归纳,分析其选址、建筑规制、空间布局、重要单体建筑形制等方面特点,并对其进行比较分析。

0.5.2 研究方法

1)文献研究法

广泛搜集资料,通过对各地方志等历史文献的搜集,根据需要分门别类进行整理归纳和研究,为研究的深化提供必要的基础和支持。

2)实地调研法

对贡院建筑遗存,例如江南贡院的明远楼、兰州贡院的至公堂等进行实地调研,通过对仍留存的建筑实例进行分析,整理归纳贡院建筑的基本特点。

3)历史论证法

通过梳理贡院建筑的形制与历史演变,为课题提供历史材料支撑。

4)分析比较法

通过对各地贡院建筑资料的互相比较、不同实例量化的积累,对其各方面进行对比分析,得出结论。

5)实例分析法

根据各部分的内容有针对性地分析其在所论述方面的体现。

0.6 课题研究框架

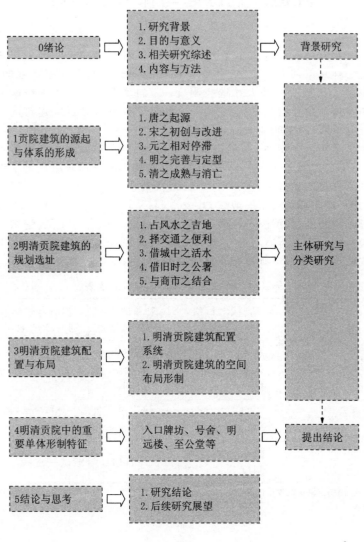

1 贡院建筑的源起与体系的形成

贡院建筑究竟产生于何时？贡院建筑系统在千年的发展中是怎样从草创走向成熟，并形成独特的建筑形制和完整体系的？中国古代最重要的人才选拔制度——科举制度又是怎样影响它的发展与演变的？本章将从各种史料记载中探寻贡院建筑的变迁与发展，明确明清贡院建筑形制发展的源流。

尽管由唐到清，各级别贡院对应的考试名称和地点有所不同，但是它们之间存在着一定的对应关系（表 1-1）。唐代科举考试只分解试和省试；宋开宝六年，宋太祖在讲武殿考试进士，颁定名次，这才有了真正的殿试，并成常制，从此确立了宋代科举三级考试的制度；明清因不设尚书省，将省试的名称改为会试，解试改为乡试。本书所述之考试地点除定州贡院外均是古代的文场考试地点，武举考场则不在本书研究范围之内。

表 1-1　考试名称与考场关系对应表

朝代—地点　　　级别	唐代考试级别—考试地点	宋考试级别—考试地点	明清考试级别—考试地点
第一级	解试（州县考试）—无固定场所	解试—郡州贡院、转运司贡院、国子监	乡试—京城—各省贡院
第二级	省试—尚书省（礼部南院）	省试—礼部贡院	会试—京师贡院
第三级	殿试没有形成制度	殿试—宫殿	殿试—宫殿

注：因明清科举制度中的选官是从乡试这一级别开始的，本表并未将乡试前的童试纳入其中。

1.1 唐之起源

科举是中国古代选拔官员的一种制度。中国古代取士的途径，经历了两汉的荐举制，魏晋南北朝的九品官人法，至隋有科举，到唐代才最终确立形成制度。作为一项新兴的考试制度，因其初创，故而体系尚有诸多不够成熟之处，各项规制也不若后世之严密。唐代科举考试不需誊录，举人挟书、举烛也不受禁止。唐代开科举之初是由吏部负责考试的。据记载："（唐代）开元二十四年（736 年），考功郎中李昂，为士子所轻诋，天子以郎署权轻，移职礼部，始置贡院。"①当时在礼部南院设立贡院的举动是中国科举史上的重大创举，它不仅使考试正规化，更提高了科举考试的严密性与严肃性。从此科举才由礼部负责，礼部贡院的叫法也是源于此。礼部在隋唐又都是隶属于尚书省（图 1-1），因此考试之初也由尚书省随宜举行，当时的礼部贡院不仅是一个考场，更是一个具有一定行政职能的机构。

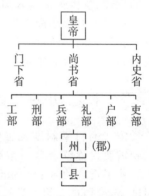

图 1-1 唐代三省六部关系表

唐代每次省试应试的举人从数百到一两千不等，主试官只有礼部侍郎一人。不仅从命题、考核、校对到决定及第人员名单全权负责，而且往往历任数次。"礼部南院，四方贡举人都会所也"②。又《广西通志》有云："唐、宋礼部及诸州贡院，其建置皆在中叶以后。唐礼部贡院，盖尚书省前一坊，别有一院，四方贡举，毕会于此，遂因以试士，自开元中始。"③

① 李肇，撰. 唐国史补（卷下）[M]. 北京：中华书局，1991：143-144

② （宋）宋敏求，著；（明）毛杰昌，校勘. 宋著长安志[M]. 西安：太白文艺出版社，2007

③ （明）蒋冕，著；唐振真等，点校. 湘皋集[M]. 南宁：广西人民出版社，2001：189

王定保《唐摭言》卷一五《杂记》条载:"进士榜头,竖粘黄纸四张,以毡笔淡墨衮转书曰'礼部贡院'四字……进士旧例于都省考试。南院放榜(南院乃礼部主事受领文书于此,凡板样及诸色条流,多于此列之)。张榜墙乃南院东墙也。别筑起一堵,高丈余,外有墙垣,未辨色;即自北院将榜就南院张挂之。"①唐代诗人韦永贻,某次省试后,特赋诗"褒衣博带满尘埃,独上都堂纳卷回"。都堂乃尚书省的大堂。从这些记载可以判断,唐代的省试试场,设置于公务繁忙的尚书省。礼部由于设在尚书省之南,故又称礼部南院。举人考毕,便上尚书省的厅堂交卷。进士榜则张贴于礼部南院的东墙,院内为进士入闱时的集中地。这样,唐代的礼部贡院,只不过是暂时借用尚书省的某些厅堂和礼部南院的临时场所,不是单独设置的建筑群,考试完毕后一切恢复平时旧观。而省试之前的解试更是没有固定之所。

1.2 宋之初创与改进

宋代的科举制度较唐代不断的完善,实施了禁止举烛夜试、试卷需要封弥誊录等一系列新制度。这些新制度也在一定程度上影响了贡院的规制。宋代解试种类繁多,主要有国子监试、诸州试、转运司试。第一类的国子监试负责考核在京城学校就读的学子、在朝文武官员的直系亲属等,在国子监举行;第二类诸州试负责考核本州各路诸县的应举士子等,在分布最广的诸州贡院举行;第三类的转运司试在南宋建都临安的时候开始施行,负责考核居于此路的常住士子、有官职的人和宗室子弟等②。

这三种解试合格后,均可参加礼部的省试。而宋代开始之初,并无专门进行省试的礼部贡院。宋代省试的场所主要经历了从汴京的旧尚书省、武成王庙、开宝寺到太学、辟雍,再到有独立

① (五代)王定保,撰;姜汉椿,校;唐摭言,校注[M].上海:上海社会科学院出版社, 2003:293

② 方慧.宋代福建科举文化研究[D].福建师范大学,2008

的礼部贡院建筑群的不断变迁(表1-2)。对贡院迁徙不定的做法,当时士大夫啧有烦言,认为这既非"太平之制度","且秽污不便",与号称"重文教"的立国方针大相径庭。崇宁元年(1102年),太学外舍——辟雍①正式建成,这是一座规模宏大、颇为壮观的学校,黉舍之多,足以容纳成千上万名举人在那里应试。从此以后,北宋政府正式将礼部贡院借置于此,"不复寓他所矣"。

将礼部贡院寄于辟雍的做法是一次很大的创举。有记载曰"内贡院见管什物与举人就试书案,岁久数多,应办不足,所存亦皆弊坏,乞特命有〔司〕措置添修。"②可见此时的礼部贡院已是一个固定的场所,而不像以前的贡院,不管是借用寺庙还是尚书省,在省试完毕后,一切都恢复原貌。此时礼部贡院虽依附在外学中,但已经有了相对的独立性,是外学的一个重要组成部分。

表1-2　宋代省试考场地点变迁表③

年代	省试地点	原　　因
北　宋		
宋太祖 960—976	尚书省	政权刚刚建立,长期的战乱使得当时新建贡院很困难;每年参加应试的举子寥寥无几;从唐代一贯在尚书省的做法可以推测,太祖朝的礼部贡院在尚书省
宋太宗 976—992	汴京武城王庙	国家趋向统一,为了稳固政权,加大了取士人数,科考场所也要求扩大。太祖乾德二年(964年),重建于汴京南侧与国学相对的武城王庙是比较宏伟的建筑群。在当时尚书省面积狭小的情况下,成为理想的省试场所

---

①　根据《新编中国文史词典》的解释:西周时天子设于王城的学校。取四周有水、形如壁环为名。东汉以后,历代皆有辟雍,除北宋末年为太学预备学校外,均为祭祀之所。

②　王云海.宋会要辑稿考校[M].郑州:河南大学出版社,2008

③　何忠礼.北宋礼部贡院场所考略[J].河南大学学报(社会科学版),1993(4):8

年代	省试地点	原　因
宋太宗—宋神宗 992—1082	尚书省（孟昶故第改建）	在尚书省的面积有了显著扩大的情况下，恢复了国初旧制，将礼部贡院迁回尚书省
宋神宗 1085	开宝寺	由于新官制度推行，使用长达将近一个世纪的尚书省显得破旧拥挤，而当时位于汴京的开宝寺作为封建帝王和士大夫游宴、祭祀之所，不仅占地面积大，而且宏伟华丽。在嘉佑元年（1056 年），开封府的发解试就在开宝寺举行，因此开宝寺被称为开封府贡院。元丰八年（1085 年），开宝寺便顺其自然成为礼部贡院的临时试场，但是，一场大火使开宝寺第一次作为礼部贡院就不得而终
宋哲宗—宋徽宗 1085—1104	太学	北宋的太学变化很大，从国初的完全依附于国子学，到后来与国子学完全分开。神宗熙宁年间，王安石创办的太学三舍法①为北宋掀起兴学高潮，朝廷也大大扩大了太学的面积。故在当时便将礼部贡院寄寓于太学
宋徽宗 1104—1121	学校教育取代科举考试	推行三舍法，建造太学的外学——辟雍，学校教育取代科举考试

---

　　①　三舍法是北宋王安石变法科目之一，即用学校教育取代科举考试。"三舍法"，是把太学分为外舍、内舍、上舍三等，外舍 2000 人，内舍 300 人，上舍 100 人。官员子弟可以免考试即时入学，而平民子弟需经考试合格方可入学。"上等以官，中等免礼部试，下等免解"，后来地方官学也推行此法，反映了班级教学的特色。这一改革措施，事实上将太学变成了科举的一个层次，学校彻底变成了选官制度的一个组成部分。宋代，以三舍法完全取代科举共二十年。

年代	省试地点	原　因
宋徽宗—宋钦宗 1121—1127	太学的外学——辟雍	宣和三年(1121年)恢复科举旧制,但太学仍保留崇宁定制①,将礼部贡院设置在太学的外学。由于每年春天的升贡考试在辟雍举行,礼部贡院设于辟雍也顺理成章
南宋		
宋高宗 1127—1143	天竺寺	国事草创,应试士子不多。宋室南移后,杭州改名临安府,礼部贡院暂借上天竺寺院为之
宋高宗—宋幼主 1143—1297	临安礼部贡院	"绍兴和议"以后,战争停息,科举制度再次大盛,绍兴十三年(1143年)在观桥西建造礼部贡院

　　解试的场所也经历了从借各地寺院、道观到最终有独立的郡州贡院或转运司贡院的变迁。"宋之贡院,废置不常。自崇宁至政和间,中州外郡,始咸有之。"②例如在北宋元祐五年(1090年),福州建立贡院,"五月,乃择州治之东南公廨及陈地,广二百三尺有奇,而深倍之,乃增筑厥址,崇其旧三尺。"③但是北宋期间,只有少数地方设有郡州贡院,大部分地区是以寺庙和孔庙为之。特别是三舍法取消以后,贡院亦随之废弃。解试基本上都只能临时借用学校、寺庙或者官府衙门进行。这种借用学校、寺庙和官府衙门的措施虽然能解科举考试无考场的燃眉之急,但不仅给出借场

----

　　①　李焘《贡院记》记载:"崇宁弥文,创建外学,以待四方贡士,则礼部贡院自是特特,不复寓他所矣。"可知崇宁年间,开始将礼部贡院设置在太学的外学。

　　②　(清)谢启昆,修;(清)胡虔,纂. 广西通志(全十册).桂林:广西人民出版社,1988:5965

　　③　梁克家,著;(宋)陈叔侗,校注;福建省地方志编纂委员会整理.三山志.卷7·公廨·试院[M].北京:方志出版社,2003

所机构带来了很大的困扰,地方官吏也深感不便,而且以"学校、佛寺或官舍作为临时考场,空间有限,而考生人数却日益增多,使得这些临时考场难以容纳。应试者的不断增加要求建立专门用来考试的贡院来保证科举考试的正常进行。

两宋之交,战乱摧残,原来建立的少数州郡贡院,大多遭到破坏,甚至不存。根据梁庚尧《南宋的贡院》一文(表1-3),可知"绍兴和议"签订以后,特别是自南宋孝宗朝开始,随着社会的稳定和科举的发展,州郡贡院才得以普遍建立或重修。如平江府贡院就是在乾道四年创建。从当时的平江府地图(图1-2)可清晰地看到贡院在城中的位置。贡院在城西门附近,交通便利,且离馆驿和城中心区的衙署较近。

表1-3　宋代贡院兴建年代简表[①]

朝代	兴建贡院	备注
北宋 (960—1127)	福州试院、泰州贡院、袁州贡院	无
南宋宋高宗 (1127—1162)	礼部贡院、吉州贡院、潮州贡院、□州贡院、临江军贡院、建昌军贡院、建宁府贡院、常州贡院	礼部贡院是省试的场所
南宋宋孝宗 (1163—1189)	衡州贡院、汉州贡院、湖州贡院、平江府贡院、建康府贡院、徽州贡院、礼部别试所、明州贡院、泉州贡院、夔州贡院、台州贡院、绍兴府贡院、福建类试院、漳州贡院、饶州贡院、兴化军贡院、彭州贡院、镇江府贡院、婺州贡院、四川类省试贡院、临安府贡院、严州贡院、通州贡院	宋代类省试是相当于省试的考试,因此类省试贡院相当于礼部贡院的级别

---

① 根据梁庚尧.南宋的贡院[A].刘海峰,编.二十世纪科举研究论文选编[C].武汉大学出版社,2009:452-474 整理

朝代	兴建贡院	备注
南宋宋光宗 (1189—1194)	汀州贡院、真州贡院	无
南宋宋宁宗 (1195—1224)	高邮军贡院、梅州贡院、扬州贡院、江阴军贡院、黄州贡院、容州贡院、资州贡院、长宁军贡院、江东漕试贡院、普州贡院、眉州贡院	漕试：景佑年间，命各路转运司类试现任官员亲戚。此后形成制度，由转运司类聚本路现任官所牒送随侍子弟和五服内亲戚，以及寓居本路士人、有官文武举人、宗女夫等，举行考试，试法同州、府解试。漕试合格，即赴省试
南宋宋理宗 (1224—1264)	池州贡院、广州贡院	无

关于宋代贡院建筑的主要形制，通过相关的史料记载可窥见其大致特点。

建康府贡院始建于南宋乾道四年(1168 年)，当时面"秦淮，接青溪，把方山，气象雄秀"①。从《景定建康志》所附的建康府城之图可以清晰地看到贡院在当时城中的位置(图 1-3)。

南宋建康府贡院经过多次扩建和维修，下面将有关史料记载列表 1-4。

---

① 《景定建康志卷之三十二·儒学志五》摘录于王晓波，李勇先，张保见，等点校. 宋元珍稀地方志丛刊·甲编(二)[M]. 成都：四川大学出版社，2007：475

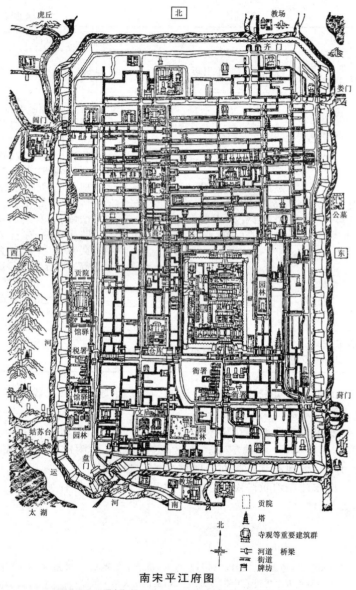

北

虎丘　　　　　教场

齐门

娄门

阊门

公墓

西　运

东

河

贡院

馆驿

税署

衙署

馆驿

园林

姑苏台

文庙

园林

盘门

匽门

运

教场

太湖　　　河

南

北

	贡院
	塔
	寺观等重要建筑群
	河道 桥梁
	街道
	牌坊

南宋平江府图

图 1-2 平江府贡院在南宋平江府城中的位置

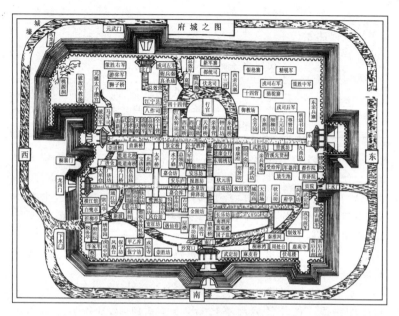

图 1-3　建康府城池之图

表 1-4　南宋建康府贡院修建年代表①

兴建或修建年代	建设原因
乾道四年（1168年）	建业多士，异材辈出。兵兴，百事卤莽，有司不暇治屋庐以待进士，始夺浮图、黄冠之居而寓焉
绍熙二年（1191年）	而为屋，才百其楹。岁陁月陨，至者千人，项背骈累，至纬葭为庐，架以苍筤，雨风骤至，伛偻蔽遮，仅全文卷

---

　①《景定建康志卷之三十二·儒学志五》摘录于王晓波，李勇先，张保见，等点校. 宋元珍稀地方志丛刊·甲编（二）[M]. 成都：四川大学出版社，2007：1474-1484

兴建或修建年代	建设原因
嘉定十六年 (1223 年)	端礼之子嵘焉守,撤而新之
咸淳三年(1267 年)	自后率三岁一葺,因陋就简,牵补目前。试已则借占蹦践,靡所不有,殆弗止撤藩离、毁薪木而已。屋既倾欹,地又卑湿,懔乎有覆厌之虞

其中绍兴二年的修建奠定了建康府贡院的基本格局,杨万里的《重修贡院记》记载了当时贡院的形制:"考官有舍,揖士有堂。爰廊四庑,爰拱二披。可案可几,可研可席。堂之北堧,中闑以南,前后仞墙,内外有闲。自闑之表,缄封之司,写书之官,是正之员,左次右局,不淆不并。会为门关,启闭维时。职谁何者,於此攸宅。凡二百一十有二楹,自堂徂庭,自庭徂门,自门徂衙,皆甓其地。士之集者,霁则不埃,霖则不淖。"①

大使马光祖记载的咸淳三年《重建建康府贡院》修建后的形制更加完备:"视昔径庭厅事之后,为堂三间,扁曰衡鉴。翼以考官位次。薇堦莲沼,前后相辉,供帐什物,百尔具备。试场旧止四庑,众以为隘,乃即西偏辟地数百弓,添创两庑。为屋共二百九十四间,庖湢守视之所,罔不整□。又仿金华诸郡例,置长卓钉柱、间阐三门,以来多士。中门之外,设封弥、交卷、□录、对读所,各有司存,井然不紊。栋宇翚飞,舆正厅埒。始置锁钥,属府学董之,规模于是乎详密矣。"②结合《景定建康志·卷之五》所载的咸

---

① 《景定建康志卷之三十二·儒学志五》摘录于王晓波,李勇先,张保见等点校.宋元珍稀地方志丛刊·甲编(二)[M].成都:四川大学出版社,2007:1477,通过这段记载可知,当时主持考试的官员有办公的住所,士子有进行考试的房屋。大堂的北边和中门南边前后垣墙,内外帘有垣墙进行区分。大门封闭,校正、誊录考试官员都在其职责范围内办公,遵循左尊右卑的原则。贡院内帘门按时开闭。从大堂到庭院再到大门都用砖铺地,天气好时没有尘土,下雨时身上也不会湿。

② 《景定建康志卷之三十二·儒学志五》摘录于王晓波,李勇先,张保见,等点校.宋元珍稀地方志丛刊·甲编(二)[M].成都:四川大学出版社,2007:1483

淳三年(1267年)《重建贡院之图》(图1-4)可以更清晰地窥见当时建康府贡院的基本布局:

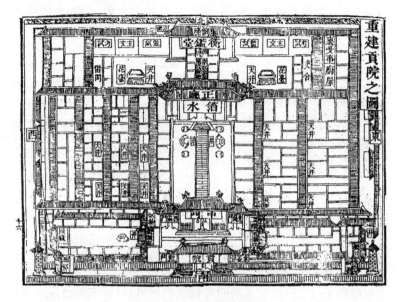

图1-4　重建贡院之图

　　该贡院沿一条南北向的中轴线纵向展开,四周建有高大的垣墙,上面布满荆棘。垣墙里面沿中轴线上依次分布贡院大门、中门、箔水正厅、衡鉴堂。空间布局分为三大组成部分:

　　1) 以中门为中心的外帘办公之所

　　贡院中门两边分布着东西偏门,是士子进入考场之门。中门的两侧设有封弥所、交卷所、誊录所、对读所等,各个所之间井然有序。左右两侧各组成一个院落,同时还有庖湢等辅助用房。在贡院最南面的东西两侧分别设有瞭望楼。

　　2) 以箔水正厅为中心的士子试场之所

　　箔水正厅平面成工字形,这里是整个贡院的中心,也是整个贡院等级最高的建筑。箔的本义也是竹帘子,从中可推测该图上的箔水正厅便是内外帘的分界地。该厅两侧分布着由院落组成的考生试场：士子场屋以一条或数条长廊为之，每廊以柱为界分为若干间，每楹之间并无间隔，楹中设书案若干个，应试者可以互相间相望。这是因为南宋科举虽也试三场，但每场只试一日，早入而晚出，不必入睡试场，故不设席舍。

3) 以衡鉴堂为中心的内帘办公之所

衡鉴堂与箔水正厅之间有穿堂相连接。该区域以三开间的衡鉴堂为中心，衡鉴堂是批阅试卷的场所。堂之东西两侧分布着考试官、主文官、监视官等办公场所，在办公场所两侧东西向分布着吏舍，院落里还有花坛，可见营造者的精心。

关于礼部贡院，南宋的《梦粱录》记载道：

礼部贡院，在观桥西⋯⋯置大中门。大门里置封弥誊录所及诸司官。中门内两廊各千余间廊屋，为士子试处。厅之两厢，列进士题名石刻，堂上列省试赐知贡举御劄，及殿试赐详定官御札，并闻喜宴赐进士御诗石刻 。①

从此可清晰地看出南宋后期礼部贡院的基本结构与形制与建康府贡院差不多：在贡院大门里侧设置封弥、誊录等官员办公场所，在中门和正门之间设有千余间考试试场。另外《续资治通鉴长编》卷一二五，记载仁宗宝元二年十一月，礼部贡院"设帘都堂中间，而施帷幕两边，令内外不相窥见"②，从中可推测该都堂便是内外帘的分界地。此外南宋的礼部贡院大堂还是进士举行仪式的场所。例如期集③和设闻喜宴④。因此贡院厅堂两侧房屋列进士题名石刻，

① （宋）吴自牧，著；符均，张社国，校注. 梦粱录[M].北京：三秦出版社，2004：223

② （宋）李焘，著；（清）黄以周，等辑补. 续资治通鉴长编[M].上海：上海古籍出版社，1986：2

③ 所谓期集就是新进士拜黄甲、叙同年的一种仪式。黄甲为五甲新进士名单，以黄纸书写，故叫黄甲。这种仪式先由朝廷赐新及第进士钱一千七百缗作为期集费，全体新进士于唱第之三日，赴设于礼部贡院的期集所，由一甲前三名主持仪式。然后作题名小录，立题名碑石于礼部贡院。

④ 北宋赐宴于汴京琼林苑，南宋则设于礼部贡院。

堂上列皇上赐给考官的诏书和在闻喜宴上赐给进士的亲笔石刻。

可见不管是南宋的礼部贡院、郡州贡院都是由外帘办公区、试场区、内帘办公区组成,布局相似,只不过规模有所不同。外帘办公区一般置于贡院大门两侧附近;试场区是以廊屋相连,组成许多院落天井;内帘办公区则位于后部。宋代贡院的布局部分为后世所继承,可以说明清两代贡院是在继承宋代贡院的基础上发展和演变的。

1.3 元之相对停滞

元朝科举可以明显地分为两个阶段。以元仁宗即位为分界线,在这以前为科举的停废时期,在这以后才正式制定科举程式、举行科举考试。元代是科举由唐、宋过渡到明、清,不断走向完备、成熟及至僵化的一个转折点。

元代科举考试将省试改为会试(因元代无尚书省),发解试改为乡试。士子应试条件、封弥誊录之制,场屋禁令、考官回避之法,基本都沿袭南宋后期的取士之法。元代乡试于河南、陕西等十一行省所在地,河东①、山东二宣慰司②所在地及正定、东平等直隶省的四个路的十七处考试。各省乡试场所亦为贡院、佛舍或学宫等③。元代的省级贡院建筑并没有找到相关的记载,所以元代各省级贡院的具体建筑形制暂时不可考。关于礼部贡院则可以从《元史》的零星记载中窥探其发展:当时会试在礼部

---

① 河东指山西。因黄河流经山西省的西南境,山西在黄河以东,故这块地方古称河东。秦汉时称河东郡,在今山西运城、临汾一带。

② 宣慰司是介于省与州之间的一种偏重于军事的监司机构,一般掌管军民之事。它是中央机构。宣慰司这一机构最早见于金朝,元朝时在全国范围内普遍设立。到明清时则只在少数民族聚居地区设立,宣慰司数量比前朝要少。元世祖忽必烈时将每个行中书省划分为六十个宣慰司,每个宣慰司下辖大约180个路(州)。宣慰司起着上行下达的作用,据元史记载:"宣慰司,掌军民之务,分道以总郡县,行省有政令则布于下,郡县有请则为达于省。"

③ 张希清.中国科举考试制度[M].北京:新华出版社,1993:44

进行,元代礼部在城中的位置也是以后明清会试的场所,只不过规模有所扩大。元代知贡举以下官会集至公堂①,从中可看出,在元代至公堂就是考官聚集办公的场所,是中轴线上重要的建筑。

1.4 明之完善与定型

洪武十七年(1384 年)礼部颁布了《科举成式》,奠定了明清科举制度的基本规制。明代乡试在组织程序和考试形式上实行严格的贡院制度。锁院、弥封、对读、誊录等科举考试制度在贡院中得以充分地贯彻实行。其贡院之制略异于宋而开清朝之先河。贡院制度的实行在一定程度上促使了明代贡院建筑的完善与定型。《皇明贡举考》曾记载道:八月,两京及河南、山东、陕西、山西、浙江、湖广、江西、福建、广东、广西、四川、云南、交阯②等十三布政司乡试③。因此明代乡试,南、北两直隶州县分别试于应天府贡院(今南京)、顺天府贡院(今北京),其他则在各布政司衙门所在地——省治府城贡院。嘉靖 1530 年云贵分闱后,又变成 15 座贡院,分布如图 1-5。明代版图较宋代版图大,但是贡院数量只有十几座,这是因为明代在府、州、县设立试院或校士馆进行童试,只有在省治的府城才设立贡院进行乡试。因此宋代的贡院和明清的贡院其等级和选择城市的级别上是不一样的。

明代后期贡院建筑规制已相当严密,是完全配合科举制度的结果。科举的程式化和规范化促使贡院建筑配置和规制的统一,

① 摘录于王国平主编;何忠礼著.南宋科举制度史、南宋专题史[M].北京:人民出版社,2009.附录中的元代科举史料

② 交阯,又名交趾,中国古代地名,位于今越南社会主义共和国。1407—1428 年明军占领越南,之后明在此进行直接统治,设郡县,置交阯承宣布政使司(行省),在越南推动儒学。1428 年越南后黎朝击败明军重新恢复独立,但仍维持与中原政权的宗藩关系。永乐六年(1408 年)到宣德二年(1427 年)这短暂的十几年,乡试范围还包括交阯布政司。

③ 摘自郭培贵著.明代科举史事编年考证[M].北京:科学出版社,2008:39

贡院反过来也在一定程度上保证了科举的制度化和正常进行。关于明代贡院的选址、建筑配置、空间布局将在本书的后续章节做详细介绍。

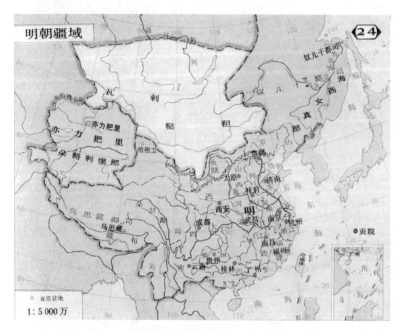

图1-5　明代贡院分布图

1.5　清之成熟与消亡

清代科举规制和贡院制度基本沿袭明代,只是湖广、陕甘分闱后,又增加了湖南、甘肃这两座贡院。

清代贡院建筑布局严谨有序,气势宏大,其构想处处显示出科场考试作为国家抢才大典的严肃性和权威性,体现出维护考试庄重的精巧匠心。在各省会城市中贡院往往是最大的建筑群,是科举制度的有形体现。本书将在后续章节中对清代贡院的选址、建筑配置、空间布局做详细的介绍与分析。

1905 年 12 月 6 日,清政府设立学
部,延续 1000 多年的科举制度终于完
成其历史使命,同时也预告着贡院的
使命就此结束,近代教育由此开始。
清代全国各地贡院有一半以上都变成
了现在的教育基地或曾作为教育基地
(清代贡院现存情况列于附录一),如
云南大学、河南大学、杭州高级中学都
建在古贡院旧址上,四川贡院曾作为

图 1-6　四川国立大学校徽

国立四川大学的用地,曾经的校徽正是明远楼的图案(图 1-6)。

1.6　小结

本章梳理了贡院的发展历程:唐代在礼部南院设立贡院的举
动是一个重大的创举,但当时的礼部贡院只是依托尚书省而设
的,不是单独的建筑群;礼部贡院不仅是一个考场,更是一个具有
一定行政职能的机构。北宋后期才开始有地方城市兴建贡院,到
了南宋各地方贡院才普遍设立。宋代后期贡院的基本形制是由
外帘办公区、试场区、内帘办公区组成,同时遵循着中轴对称的原
则,此时候场区还未形成。明初百废俱兴,是一个制定各类典章
制度的大时代。洪武十七年(1384 年)由礼部颁布的《科举成式》
应运而生,这在很大程度上推进了贡院的建设,到明末贡院一共
有 15 座。清代科举沿袭了明代制度,湖广、陕甘分闱后,全国有
17 座贡院。1905 年,在“废科举,兴学堂”的口号下,贡院也随之
结束了其千年的历史使命。

2　明清贡院建筑的规划选址

　　贡院关乎文运国祚,其选址向来考究,作为明清时期大部分省治府城都有的建筑群,它们是怎样进行选址的呢? 通过研究历代留下的贡院碑刻以及各种古籍文献我们可以了解到贡院的建造年代和选址过程。几乎所有的贡院在明初兴建后,都经过数次扩建和维修,其中明嘉靖年间对大部分贡院进行过大规模的维修(明代贡院的修建年代列于附录一)。清初由于年代久远和战乱的关系,大部分贡院被破坏。康熙、雍正时期,对大部分贡院又都进行了大规模的维修或重建(清代贡院的修建年代列于附录二)。虽然不少清代贡院是在明代贡院的基址上进行修建或修建的,但也有部分贡院是在考虑各方面因素的基础上重新选址修建的。下面通过梳理各种古籍文献史料,探寻明清贡院的规划选址特征。

　　在分析明清贡院规划选址特征前,将搜集到的明清贡院选址的相关史料列表 2-1 和表 2-2。

表 2-1　明代贡院选址与号舍规模表

贡院名称及始创时间	选址过程或地理位置记载	基址大小和号舍规模(以明代后期为准)	史料来源
江南贡院明景泰五年(1454年)在原址重建	自设科以来其地凡四易,洪武初以北城演武场为之,地基缅也而艰于建置;永乐中移于郡学之文墀宫,其饬也而防于明祀;正统间复徙武学之讲堂,便供给也,然士多地隘,非辟庑毁垣不足以致容焉;景泰初,府尹马公谅将	地广十余亩,九千有奇	《南京夫子庙志略》

贡院名称及始创时间	选址过程或地理位置记载	基址大小和号舍规模（以明代后期为准）	史料来源
	修述职之典于朝,乃进耆夙而咨之,咸曰:"秦淮之阳有地廊,如前武臣没人废宅也,鞠为氓隶之圃久矣,若辈而理之可办也。"公曰:"诺。"		
京师贡院明永乐十三年(1415年)创建	在城东南隅,明因元礼部基为之	径广百六十丈,号舍四千八百有奇	《北京市志稿9·金石志》《天咫偶闻》
广东贡院明宣德元年(1426年)创建	宣德元年,始建于城东北隅西竺寺故址	不详	《广州城坊志》
河南贡院明宣宗宣德九年(1434年)始建崇祯十五年(1642年)毁于洪水	明初因元臣竺贞故宅为之,在浚仪街苟完而已。其后一移于城西南隅,再移于旧巨盈库,至季年河患,遂远于辉县之苏门山,不克修复	东西文场三千六百间,后不敷用,每号头增添板号二间	《开封市志·第6册》、《如梦录》
湖广贡院正统十四年(1449年)始建	贡院在省城北,凤凰山下	不详	《湖北通志·卷18》

贡院名称及始创时间	选址过程或地理位置记载	基址大小和号舍规模（以明代后期为准）	史料来源
陕西贡院明景泰间（1450—1456）左布政使许资奏建	贡院在布政司西,近安定门	不详	《陕西通志·卷15》
江西贡院洪武二十九年创建	洪武二十九年,仍拓地于东湖左,得三皇殿故址创建。嘉靖元年(1522年),以东湖水溢,就进贤门内废宁府阳春书院改建。后火,复迁东湖之左	不详	《南昌县志·卷九·建置志下·公所》
福建贡院洪武十七年（1384年）兴建	旧在藩城之南偏,地势湫隘,不足以容多士。藩宪诸公,屡欲辟之。以东南逼于福州府学,西北逼于民居,而势有未能。去年秋,……谋迁于他所。询诸舆论,咸谓福宁道为宜。盖其地面朝仙岭,背负屏山,瓯冶池横深其下。即其高处望之,冈峦郁秀,川河萦回,祥氛清霭,倏忽变化于空旷有无之间,虽智巧者不能穷其状。盖城中之胜处也	不详	《福州府志（下册）》
浙江贡院洪武初建	浙之贡院,旧在城西,尝以隘迁于藩治之东北	不详	《中华传世文选·明文在》

贡院名称及始创时间	选址过程或地理位置记载	基址大小和号舍规模（以明代后期为准）	史料来源
山东贡院洪武初建	贡院在布政司东	六千间	《历城县志正续合编1》
山西贡院明正统十年（1445年）创建	贡院在迎泽门东，承恩门西，面城背水，形势崇高	其地四十七亩有奇，围四百一十二步	《山西通志37-38卷》
广西贡院天顺年间（1457—1464）兴建	洪武初，始迁武胜门马王阁南。天顺间，又迁于新西门内临桂县治西北，则今地是也。虽规制视前二处不同，而终以卑湫隘陋为病	约袤二千馀寻，广视袤增三之一	《广西通志（全十册）》
四川贡院	具体不详，从明天启间地图，可见贡院在西南部	不详	《成都县志》
云南贡院景泰四年（1453年）始建弘治十二年（1499年）迁址重建	都宪公相城中长春观之傍得故址，平衍而亢爽金，曰：宜此。遂定基焉……地处拱辰门之右，背负城墙，南临翠海，居高瞰下，势若踞虎	二千八百有奇	《云大文化史料选编》
贵州贡院嘉靖十四年（1535年）兴建	贡院在治城中西南部，西察院旧址。今度地得西南隅甚胜，可以营建	不详	（嘉靖）《贵州通志·十二卷》

表 2-2　清代贡院选址与号舍规模表

贡院名称及始创时间	选址过程或地理位置记载	基址大小和号舍规模（以清代后期为准）	史料来源
江南贡院	同明代,位置未变	二万又六百四十四	《南京夫子庙志略》
京师贡院	同明代,位置未变	万六千人	《天咫偶闻》
广东贡院康熙二十三年(1684年)兴建	乃咨商制府吴公会议,复谋之藩臬司道及守令绅士暨习形家者,言往而周视,咸谓旧址奋锤伤脉,玉盘既缺,灵气泄尽,不可仍也。循转而至东南隅太和里之中得宽敞地,郁葱佳气聚焉。夫粤,南国也,于卦之离,此地应易之离,为文明,万物皆相见,属续火官,照耀乎始,而文以兴焉。卜云既吉,询谋金同	万一千七百八间	《广州碑刻集》
河南贡院雍正九年(1731年)迁址重建	于省治之东,得隙地,方广一顷九十七亩,固高原爽垲也。形家者言:是为辛亥之龙,居奎璧之度。紫微垣于乾,文昌宫于巽,且铁塔正当天禄,而魁阁恰在离明,洵称吉地	号舍万有九千	《开封市志·第6册》

贡院名称及始创时间	选址过程或地理位置记载	基址大小和号舍规模（以清代后期为准）	史料来源
湖北贡院	同明代,位置未变	一万二千二百间有奇	《湖北通志·卷58·学校志四·贡院》
陕西贡院	同明代,位置未变	一万一千余间	《陕西通志》
江西贡院康熙二十年(1681年)复移建于东湖故址	既旷有余廊,有原贡院壤,即其地增席舍、改经房,较创修之费,差省而功不劳,且江人士所乐复也	一万七千五百九十一座	《南昌文征·卷17》
福建贡院	同明代,位置未变	两万六千八百有奇	《福州府志》
浙江贡院	同明代,位置未变	一万六千多间	《武林坊巷志·第六册》
山东贡院	同明代,位置未变	八千九百十有九间左右	(清乾隆)《历城县志·建置考》
山西贡院	同明代,位置未变	八千余座	《山西通志37-38卷》
广西贡院顺治十四年(1657年)以独秀峰南面靖江王府旧址改建	贡院形势之佳,粤西为首,本明靖江王府,俗号皇城,在城东北,别有内城,向南曰正阳门,背倚独秀峰,天然一枕。由外而内,叠阶千有余级至至公堂上,千峰环抱,若无数笔杖,奇峭插天,俗云"五百匹马奔桂林"是也	五千十一间	《清稗类钞·第一册》

贡院名称及始创时间	选址过程或地理位置记载	基址大小和号舍规模(以清代后期为准)	史料来源
四川贡院康熙四年(1665年)兴建	于明蜀王府内城旧址建贡院	不详	硕士论文《巴蜀建筑史——元明清时期》
云南贡院康熙三年(1664年)旧址重建	同明代,位置未变:前临翠湖,九龙泉涌,背负城碟,松篁交翠,腾蛟起凤之域,钟灵毓秀之区	四千八百六十五	《云大文化史料选编》
贵州贡院	同明代,位置未变	不详	《滇黔志略点校》
湖南贡院雍正元年(1723年)兴建	贡院在省城东北,旧为明吉藩地,国朝康熙五十五年巡抚李发甲恳请分闱并建贡院,于今所嗣因格于部,议改为湖湘书院,雍正元年钦奉恩旨,湖北湖南分闱,考试仍即书院为贡院	五千之数	(光绪)《湖南通志·卷67》
甘肃贡院光绪元年(1875年)兴建	城西北郭	基址百四十丈,横九十丈,四千多间	《甘肃新通志·卷31》

注:1. 在清代,广东贡院、广西贡院、河南贡院、江西贡院、四川贡院重新进行了选址,并且增加了湖南贡院和甘肃贡院。

2. 顺治初年,因四川阆中最先成为清政府在川的权限地并开始代行临时省会,所以从顺治九年(1652年)到顺治十七年(1660年),阆中清代考棚共举行了辛卯、甲午、丁酉、庚子四科乡试,此后四川乡试地点又转到成都贡院。

2.1　占风水之吉地

　　绝大部分贡院的选址都受古代风水学形势宗的影响,位于城中风水极佳的地段,并且不少贡院的选址是风水家参与的结果。

　　明清福建贡院背负屏山,冈峦郁秀,川河萦回,祥氛清霭,是城中负阴抱阳的胜地,这和清光绪六年(1880年)福州府城图(图2-1)完全吻合。同样的江南贡院地址,在明初经历了四次变迁后,终于在明景泰初年间,选于面秦淮、接青溪、挹方山、气象雄秀的风水宝地进行重建。还有云南贡院在明弘治十二年(1499年)迁址重建,背负城墙,南临翠海,居高瞰下,势若踞虎,绝对是城中宝地。

图 2-1　福建贡院清光绪六年(1880年)福州府城图中的位置

　　清代重建的贡院也不例外。清代的广西贡院位于独秀峰南面,负阴抱阳,可谓风水极佳。整个贡院的地势从正门到至公堂渐渐升高,外围的群峰恰似天然的屏障,作用类似其他贡院的外围的墙垣,防止了贡院中人与外围的人员沟通作弊。

广东早在宋淳祐年间(1241—1252)就建有贡院,元代被毁。明洪武时期,乡试设在光孝寺;宣德元年(1426年),曾建贡院于城东北隅西竺寺的旧址。清初,因战乱毁坏,只好暂时试于光孝寺,后迁于藩署,康熙三年又移至旧总兵府。在康熙二十二年,为了修求贤之地,广东巡抚李士桢带着守令、绅士和形家者到旧址考察,认为旧址畚锸伤脉,玉盘既缺,灵气泄尽,不可仍也。最后在郁葱佳气的城市东南找到一块宽广的用地。可见广东贡院在营建过程中,风水意识发挥着重要的作用。

清代河南贡院选址更是在风水家的参与下,在城东找到一块为辛亥之龙、居奎璧之度的吉地。从光绪二十四年(1898年)的祥符县城图(图2-2)可看出,当时贡院后面是铁塔,河流正好从贡院前

图-2 河南贡院在光绪二十四年(1898年)古开封城中的位置

流过,形成负阴抱阳的吉地,和"铁塔正当天禄"的记载相吻合。

从众多贡院的选址可看出,其都遵循着注重形盛、择风水和谐之地的指导思想。

2.2 择交通之便利

根据史料和古地图发现,贡院多选址于交通便利之处——城门内附近。

如明清陕西贡院一改元代奉元路城贡院位于城东南隅的布局,而是设在西门内附近,并与官署区较近(图2-3)。这样不仅便利了主管官员考试时的监临和供给,而且西门内北侧居民不稠,方便扩大贡院基址,以适应考生日益增多的趋势。

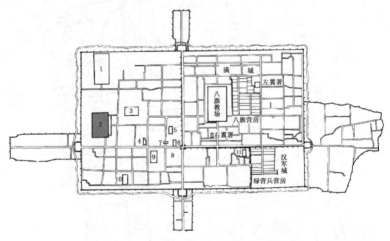

1. 北教场 2. 贡院 3. 永丰仓 4. 长安县署 5. 布政使司署 6. 西安府署
7. 鼓楼 8. 钟楼 9. 巡抚部院 10. 镇标教场 11. 咸宁县署

图2-3 陕西贡院在明清西安城的位置

明代的成都贡院不仅靠近城门,还靠近丰宁仓(图2-4),极大方便了供给。此外,江南贡院位于通济门附近(图2-5);京师贡院位于顺天府的东偏门附近;浙江贡院离东北方位的两座城门

图 2-4　成都贡院在明成都府的位置

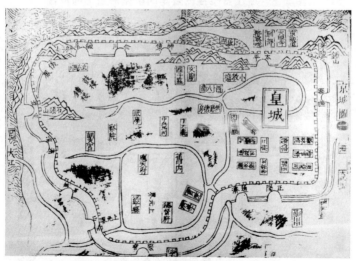

图 2-5　江南贡院在明代万历京城图上的位置

均比较近(图 2-6);湖北贡院在明万历武昌府总图上靠近东北方位的一座城门(图 2-7);贵州贡院紧靠西南方位的一座城门(图 2-8);

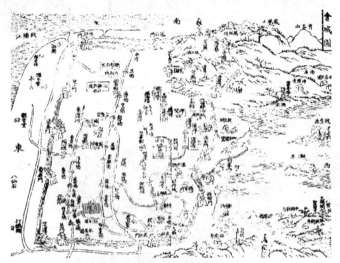

图 2-6　浙江贡院在乾隆年间杭州府图上的位置

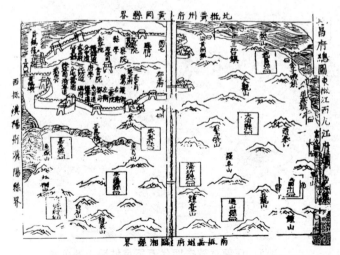

图 2-7　湖北贡院在明万历武昌府总图中的位置

河南贡院在城内仁和门附近(图 2-9);福建贡院紧靠着东北方位的井楼门;云南贡院更是地处拱辰门之右,背负城墙。

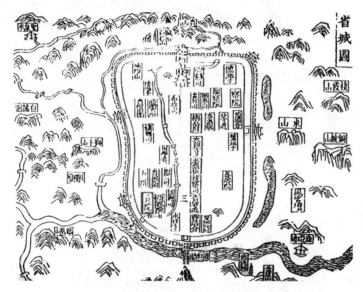

图 2-8　贵州贡院在明嘉靖贵阳府图中的位置

贡院多位于城门内附近是因为,在古代每次乡试有大量的外乡士子涌入城市,在城门附近自然方便考生,而且还便于考试时期物资的供给。同时发现,贡院和城内衙署的距离也相对比较近,这样给考试官员在考试前后往来府署带来了方便。从这些实例都可看出交通便利在贡院选址中发挥着主导因素。

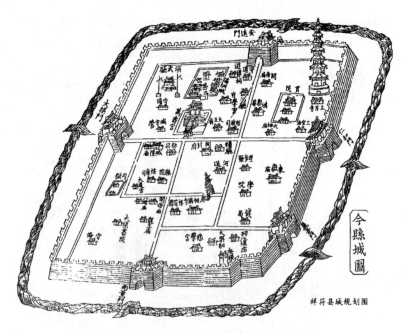

今縣城圖

祥符縣城規划圖

图 2-9 河南贡院在古开封图中的位置

2.3 借城中之活水

  通过对史料的整理,发现大部分贡院选址邻近水源,但同时避洪避涝,如江南贡院、浙江贡院、江西贡院、福建贡院、山西贡院、河南贡院等。福建贡院曾经地势低洼,后迁到高处,同时靠近河流;山西贡院面城背水,但形势崇高;江西贡院在洪武二十九年就选于人杰地灵的东湖旁边,但是嘉靖元年(1522 年),因为东湖水溢,只好以进贤门内废宁府阳春书院改建,后来进贤门贡院发生火灾,又在东湖重建贡院;浙江贡院三面环河,不仅风景秀丽,且充分利用河道,有了贡院外墙和河道两重关卡,可以有效防止考生和考官与外围的人员沟通作弊。河南贡院在明初地址经过 3次变迁,崇祯十五年(1642 年)黄河水入城,古城开封不幸沦没,一座宏伟的贡院毁于一旦。随着开封城内积水的消退,城内人口大增,市面也渐趋繁荣,河南省、开封府和祥符县的署衙也陆续迁回开封。顺治十六年(1659 年),巡按李粹然会同巡抚贾汉复题改故周王府为贡院①。由于人为的因素(挖煤土,掘王府墙基砖石,找王府遗物等),经过六七十年以后,贡院"东西北三面皆水塘,埒起如环墙,而以闱中为釜底,凡雨水之汇归于塘者,复自塘渗入院,宣泄无由,垫高不易,是此永无涸期矣"②。有鉴于此,于雍正九年(1731 年)最后选在地势高而不潮湿,同时靠近河流的吉地。道光二十一年(1841 年)夏,黄河在张家湾决口,开封城首当其冲。据"重修河南贡院记碑"记载:"时犹在伏汛,大波却而复上,城益损坏,方事之急。"③当时,河南贡院因地势高爽安然无恙,有人就建议拆掉贡院,以拯救开封城的危难。河南巡抚牛鉴"不得已而从之,得砖数百万,城赖以全。"④可见河南贡院在开封的历史上功不可没。1842 年在原址重修建后,规模空前。从此与北京顺天贡院、南京江南贡院、广州贡院并称为"四大贡院"。

贡院建在水源附近,可以大大方便于考试时考官和考生的饮水。因为贡院里面虽挖有井,但三年才用一次,井水得不到流动,通常不干净。为了解决这个问题,接近河谷地带或山泉,不仅可以保证打井时获得稳定充足的水源,而且方便考试期间专门的人从外面取水,解决考官和考生的饮水问题。

从众多的实例可看出贡院在选址时常借城中河湖之活水,同时注意避水患,这样不仅制造出胜景,更方便了考试时水的供给。

---

① 引自黄雅君,陈宁宁. 河南贡院——科举考试的最后一抹亮色[J].兰台世界,2011(26)

② 田文镜的《改建河南贡院记碑》摘录于开封市地方志编纂委员会编之《开封市志·第 6 册》,第 2001 年。

③ 鄂顺安的《重修河南贡院记碑》摘录于开封市地方志编纂委员会编之《开封市志·第 6 册》,第 2001 年。

④ 鄂顺安的《重修河南贡院记碑》摘录于开封市地方志编纂委员会编之《开封市志·第 6 册》,第 2001 年。

2.4　借旧时之公署

　　明代北京贡院直接由元代礼部改建为之,而明代江南贡院也是在前朝之废宅上改建。

　　清代以后建造的贡院更是有不少直接用旧时公署或书院等建筑进行改建。

　　如清代的广西桂林贡院和湖南贡院。顺治十四年(1657 年),清政府以独秀峰南面明靖江王府旧址改建为广西贡院,端礼、广智、体仁、遵义四城门分别改为前贡门、后贡门、东贡门、西贡门。雍正元年(1723 年),皇帝下旨湖南、湖北分闱,湖南巡抚于当年将长沙城原明吉王府湖湘书院改为贡院。

　　此外,清代的成都贡院是由明朝旧藩王府改建(图 2-10)。贡院的整体空间布局仍按照蜀王府的格局布置,其中贡院主体建筑至公堂就是在明蜀王府端和殿基址上建成的,明远楼是由端和门

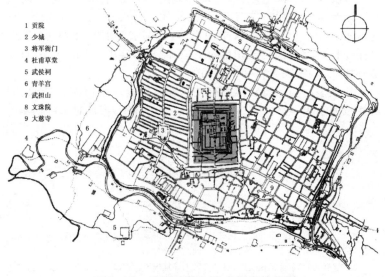

1 贡院
2 少城
3 将军衙门
4 杜甫草堂
5 武侯祠
6 青羊宫
7 武担山
8 文殊院
9 大慈寺

图 2-10　成都贡院在清成都府的位置

改建而成,因此尺度和别的贡院的明远楼稍有差异。

这样的做法不仅使得以前的建筑得以充分的利用,更减少了修建费用,又加快了建设周期,可谓一举多得。

2.5 与商市之结合

城中交通便利之处,不仅是贡院选址的必要条件,历来也是商贾云集之地。

例如江南贡院附近的秦淮河区域,酒肆茶社、楼馆店铺众多。清初文学家余怀《板桥杂记》曾云:"薄暮须臾,灯船毕集。火龙蜿蜒,光耀天地。扬枹击鼓,蹋顿波心。自聚宝门外水关至通济门水关,喧阗达旦。桃叶渡口,争渡者喧声不绝。""两岸河房,雕栏画槛。绮窗丝障,十里珠帘。"①每逢乡试之日临近,来自江苏、安徽的万名学子云集贡院周围,必然要居住和购买生活用品,贡院周围的商市、乡试会馆、旅馆等便应运而生,并逐渐形成气候。明朝有圣谕"凡举子赴京应试,沿途关卡免验放行。"朝廷特许赴考举子乘坐的车船一路免税的做法,为商贾贸易大开方便之门。每届开科,贡院周边区域搭棚设点,市面热闹非常,贡院周围和夫子庙一带摊贩栉比,行人熙熙攘攘,犹如过年。此外,古时路途遥远,很多学子便长期驻留贡院附近,结社交友,形成气候,即使非大比之年,贡院附近之地,仍然商业兴隆。

由清乾隆年间地图可见,顺天贡院周围分布着大量的手工业作坊(图 2-11),此外北京也是全国会馆最多的城市,这与科举有着密切的关系:明清时期会试时,京城常汇集万人之众,大试结束后,仍然有部分因路途遥远,会继续寄留京城,以备下一届会试,所以各地在京的为官之人便邀请同乡士绅、商人合力集资,建造馆舍,为本乡举子提供一个寄宿之所;河南贡院周围同样也分布着众多会馆;陕西贡院附近在清代中后期如雨后春笋般兴起了商

---

① 杨献文主编;南京市秦淮区地方志办公室编纂. 十里秦淮志[M]. 北京:方志出版社,2002:5

人会馆。

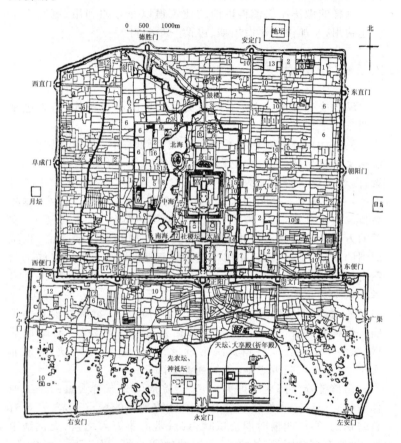

1—亲王府;2—佛寺;3—道观;4—清真寺;5—天主教堂;6—仓库;7—衙署;
8—历代帝王庙;9—满洲堂子;10—官手工业局及作坊;11—贡院;12—八旗营房;
13—文庙、学校;14—皇史宬;15—马圈;16—牛圈;17—驯象所;18—义地、养育堂

图 2-11　京师贡院在清乾隆年间北京城的位置

可见贡院和商市是天然的同盟,一方面水陆交通要道不仅是
商市的集中之地,也是贡院的选址需要;另一方面,贡院促进了附

近商市的出现和繁荣,而商市的繁荣也给贡院仕子带来了极大的方便。

2.6 小结

综上所述,贡院选址时不仅注重形盛,还要注意避水患,解决临水而不被冲噬的矛盾;不仅要考虑考官和仕子的往来交通方便的主导因素,还要兼顾建造的费用和周期等问题。同时,贡院与商市的结合不仅使得供给方便,而且极大地促进了当地经济的发展。

3 明清贡院建筑配置与布局

　　明代科举考试的特点是按《科举成式》实行严格的贡院制度。贡院制度的实行在很大程度上影响了贡院建筑的规制,不仅使乡试的科举功能以较完整的制度性措施固定下来,也使得贡院建筑日趋定型。明代,各省贡院得到了大规模的建设。清代科举基本沿袭明制,所以清代贡院建筑的形制也基本继承明代,只有细微的变化。

　　作为科举制度的物质载体,贡院建筑必然通过功能用房的完整建制,以及空间序列的有效组织来满足其除了考试以外的"誊录、对读、饭食"的功能,所以必有其独特之处。有关明清贡院的记载最多见于各地方志中。历史上关于贡院的记载虽然不少,但是多半是记述所在位置、兴建年代、重建年代、主持官员和新建经费来源,而有关建筑间数、面积大小、空间布局的描述比较简单,好在中国古代的建筑布局基本都遵循沿着中轴线与横轴线进行设计的原则。在这里通过互相比较、不同实例量化的积累,最终形成一个较为清晰的建筑规制概念。

　　下面分别从建筑配置、空间布局对明清贡院建筑进行讨论。

3.1　四大功能区域组成明清贡院建筑配置系统

　　通过对史料的分析(将明清贡院建筑的史料列于附录四和附录五),发现贡院在建筑配置上基本相同,主要包括以下四大功能区域:

3.1.1　候场区域

　　这部分建筑主要有:入口牌坊、吏舍、外执事官厅、大门、仪门、龙门等。

　　1)入口牌坊

绝大多数贡院入口空间都有牌坊,它是贡院广场前的标志性建筑,也是排队点名等候之地,同时也是明清贡院区别于宋代贡院的地方之一,这与牌坊的起源有一定关系。宋代取消夜禁和里坊制,原来的大门只剩下上部的梁枋,便是牌坊之初的样子。明代,牌坊开始大量的出现。牌坊在贡院建筑前,具有引导和标志的作用。一般贡院有三座牌坊,分别位于中路和东、西两路。点名时也多分三路同时点名。各贡院牌坊的匾额题词不一:京师贡院左曰"虞门",右曰"周俊",中曰"天下文明";广西贡院中曰"天开文运"、东曰"明经取士"、西曰"荐贤为国"。

2)贡院大门

位于贡院中轴线上,是贡院的第一道大门。

3)仪门

贡院的第二道大门。仪门是由桓表衍变而来的礼仪性建筑,位于贡院中轴线上。一般有东、西、中三个入口,中间入口等级比较高,一般在最高考官入住贡院时才开启,士子则是从左右两侧小门进入。据记载:顺治十六年(西元一六五九年)议准:士子进场搜检,严责各门搜检官后,如大门搜过无弊,而二门搜出者,将大门官役处治[①]。可见贡院的仪门不仅具有烘托龙门、强调序列空间的作用,还是搜检等候之处。

4)龙门

名称有鲤鱼跳龙门之意,是进入贡院的第三道大门,也是进入贡院的最后一道大门。同样是考生考前核对姓名、排队候场的地方。

5)吏舍、外执事官厅

贡院外部的服务用房,用来提供搜检官、巡绰官[②]等的饮食起居,一般位于贡院大门或仪门两侧。

---

① 摘录于杨正宽,黄有兴等,编纂.重修台湾省通志·卷七·政治志·考铨篇(第一、二册)[R].台湾省文献委员会,1997:44

② 《皇明贡举考》中说其责任为:"巡绰官凡遇举人人院,并须禁约喧哄。如已入席舍,常川巡绰,不得私相谈论及觉察帘内外,不得漏泄事务。""巡绰官止于号门外看察,不许入内与举人交接,违者听提调监试官举问。"巡绰官在应天、顺天二府由都督府委官担任,各省由守御官委官。

3.1.2　试场区域

这部分建筑主要由号舍、明远楼、瞭望楼组成。

1) 号舍

号舍是明清士子考试时的场所。一人一间的号舍(图 3-1)是为了满足大量考生同时考试的需要而出现的,明清贡院特有的产物。从明代开始,乡试和会试每场均为三天。这种每人一间号舍的出现不仅可以防止作弊,而且对于每位应试士子静思答卷比较有益,同时也可以减少监考人员的工作量。在当时的条件下,这无疑是一种不错的办法。

图 3-1　江南贡院(摄于 19 世纪末或 20 世纪初)

2) 明远楼

明远楼,顾名思义就是登高望远之楼,是考试时执事官员发号施令和监临、监试、巡察等官员登楼值班瞭望之处(图 3-2)。弘治七年(1494 年),倪岳《题科举事》有关京师贡院的记载:照依应天府并各布政司试院,于中止盖楼房一间,四角望高楼俱不必用,临时止用军士二三十人四面观看,最为省便①。从中可知,从明代

---

① 倪岳《题科举事》摘录于郭培贵.明代科举史事编年考证[M].北京:科学出版社,2008:120

开始就出现明远楼,且位于贡院的中心。历代考官和诗人留下了不少关于明远楼的诗词。江南贡院明远楼下南面曾悬楹联,系清康熙年间名士李渔所撰并题:"矩令若霜严,看多士俯伏低徊,群器尽息;襟期同月朗,喜此地江山人物,一览无余。"清人曾为陕西贡院作《题明远楼联》称:"楼起层霄,是明目达聪之地;星辉文曲,看笔歌墨舞而来。"这些都形象地展现了明远楼的特点和功能,表现出监试者严守职责、心地公正的作风。

图 3-2　20 世纪初的北京京师贡院

3）瞭望楼

各省贡院大都建瞭望楼于号舍四周,明代王守仁的《重修浙江贡院记》曾记载道:"创石台于四隅,而各亭其上,以为眺望之所。"[1]可见瞭望楼用以巡逻、放哨,不仅可以看到考场区的情景,而且可以及时看到贡院四周的情况,在有情况来临时起到报警的作用。

① 　(明)薛熙编.中华传世文选·明文在[M].长春:吉林人民出版社,1998

3.1.3　外帘办公区域

1）至公堂

至公堂,顾名思义就是公平公正办公的大堂,为监临、外提调、外监试等官员办公之正堂。至公堂的建筑等级在贡院中居于首位,多数贡院为七开间,也有五开间和九开间的。

2）监临官厅

主管全场考纪的考官办公居住的地方,位于至公堂之两侧。各省乡试初以巡按御史充任,后改为巡抚,总摄考场事务,除主考、同考官外,全场办事人员均归其委派监督。

3）外提调厅

外提调官办公居住的地方。外提调官是主管考场各种杂务、外帘之供给的官员。

4）外监试厅

掌握纠查考场的官员办公居住的地方。

5）受卷收掌所

通常位于至公堂的东侧或西侧,掌收卷所事务,负责试卷的发放和对读所对读好的朱卷的保管。洪武时规定:"举人作文毕,送受卷官收受,类送弥封官撰字号,封记。""受卷所置立文簿,凡遇举人投卷,就于簿上附名交纳,以凭稽数,毋致遗失。"[①]

6）弥封所

通常位于至公堂的两侧,负责将受卷所送来的试卷撰写字号,加以弥封,再移送誊录所,誊写成"朱卷"。洪武时规定:"弥封所先将试卷密封举人姓名,用印关防,仍置簿编次,三合成字号照样于试卷上附书,毋致漏泄。"[②]

7）誊录所

通常位于至公堂的两侧,为誊录官员办公所在地。誊录官负责将考生墨卷用朱笔誊抄三份,再送考官阅评。在进士、举人和五

---

①② 《皇明贡举考·卷之一·乡试执事官》摘录于龚笃清,撰;(明)张朝瑞,辑. 明代科举图鉴[M].岳麓书社,2007:329

种贡生中选派,由皇帝任命。

8）对读所

通常位于至公堂的两侧,负责将誊录好的朱卷逐一校核。《皇明贡举考·卷之一·乡试执事官》记录了对读规则:"对读所一人读红卷,一人读墨卷,须一字一句用心对同,于后附书某人对读无差,毋致脱漏。""誊录对读等官,取吏部听选官年四十上下,五品至七品有行者充之。"①

9）外供给等辅助用房

除了以上建筑配置外,还有庖(厨房)、井、湢(浴室)等辅助用房,专门负责准备外帘考官的生活供给。

3.1.4　内帘办公区域

1）聚奎堂(衡鉴堂、衡文堂、抡才堂)

内帘办公区域之聚奎堂,各省多称衡鉴堂,亦有称衡文堂、抡才堂者,为主考、房官校阅试卷之正堂。聚奎堂位于中轴线上,是内帘办公的中心,因此也是内帘等级最高的建筑,通常为五开间或七开间。

2）内提调厅

内提调官居住办公的地方。内提调官是在阅卷处管理各种杂务、内帘之供给的官员。

3）内监试厅

掌纠察阅卷之事的内帘官办公居住的地方。

4）会经堂(公明堂)

内帘办公场所,位于中轴线上,通常位于聚奎堂的北面,是同考官办公之大堂。

5）五经房(同考官房)

是同考官(房考官)办公和住宿的地方。同考官在乡试中协助主考官评阅试卷,每人在一间房内批卷,不允许互相打扰。

---

① 《皇明贡举考·卷之一·乡试执事官》摘录于龚笃清,撰;(明)张朝瑞,辑. 明代科举图鉴[M].长沙:岳麓书社,2007:329

6) 印卷所(刻字房)

内帘办公场所,通常位于聚奎堂北面两侧,是负责印刷试卷的地方。

7) 内供给等辅助用房

庖(厨房)、井、湢(浴室)等辅助用房,专门负责内帘考官的生活供给。

3.1.5 其他

1) 垣墙

垣墙是围绕贡院四周的外墙,上面布满荆棘,用来防止考试时贡院内外互相沟通作弊。

2) 内帘门(内龙门)

位于至公堂和聚奎堂之间,有时又称"内龙门"。明代有记载说:"国家典礼莫重于场屋,故帘分内外,各有专责。帘以内校雠文字,甄录真材,则主考、分考任之。帘以外搜别弊蠹,清查卷数,则监试、提调任之。"[①]"试官入院之后,提调官、监试官,封钥内外门户,不许私自出入。如送试卷,或供给物料,提调、监试官公同开门点检,送入即便封钥。"[②]可知考试时内外帘分工极其严格,所以不许互通往来,必须进行分隔,每天只有供给官送进膳食柴炭等事时,才暂开启内帘门片刻。

3) 鼓楼

清代贡院大门附近两侧出现了鼓楼或鼓亭。例如从现在遗留下来的清代杭州贡院平面图就可看见在贡院大门两侧有鼓亭。此外,湖南贡院明确记载贡院外辕门内为鼓亭,再参照湖南贡院平面图,可清晰地看出鼓亭位于贡院大门外东、西两侧。古时考试用击鼓来报时,贡院前的鼓楼或鼓亭具就有报时、礼仪等

---

① 明代钱桓的《寓燕疏草》卷二摘录于龚笃清,撰;(明)张朝瑞,辑. 明代科举图鉴[M]. 长沙:岳麓书社,2007:335-336

② 明代钱桓的《寓燕疏草》卷二摘录于龚笃清,撰;(明)张朝瑞,辑. 明代科举图鉴[M]. 长沙:岳麓书社,2007:327-328

功能。

此外,清代贡院因为内、外帘办公部分屋宇众多,等级高,乡试之余还可充当官僚聚会、外来官员驻留的地点。清人唐晏《庚子西行记事》曾载,光绪二十六年(1900 年),慈禧太后和光绪帝"西狩"西安时,陕西贡院就是朝廷六部堂官来陕的驻地。

3.2 明清贡院建筑的空间布局形制

3.2.1 空间布局总特点

通过附录三和附录四明清贡院的相关史料,可得出典型明清贡院都具有的空间布局模式特点(图 3-3):

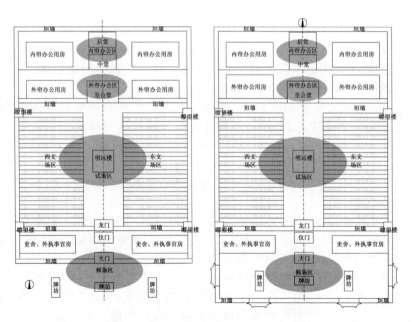

图 3-3 两种典型明清贡院布局简图

三门(大门、仪门、龙门)、一楼(明远楼)、三堂(至公堂、其余两堂各省名字不一)等这些主体建筑组成的中轴线贯穿贡院的四大功能区域。贡院建筑基本遵循左右对称的原则。

候场空间布局：是贡院外部的入口空间。一般有东、西、中三座牌坊，是明代以后贡院的标志性建筑。大部分贡院牌坊位于垣墙外，但也有贡院牌坊位于垣墙内，比如顺天贡院。接下来为贡院大门、仪门、龙门，三道大门营造出贡院的威严感与神秘感，同时也是考生进入考场时的搜检之地。贡院仪门两旁一般还建有由外执事官厅、巡绰所等组成的东西院落空间。

试场空间布局：穿过三重大门后，即是以明远楼为中心的号舍试场区。瞭望楼位于号舍四角，明远楼两侧即是东西号舍区。这种行列式排列的号舍正是贡院布局的特殊之处。明代一场试三天的科举制度导致了白天考试、夜晚休息的一人一间号舍的出现，这种号舍在一定程度上又导致了可以登高望远的明远楼的出现。监临、外提调、外监试可随时登临明远楼，瞭望士子有无作弊之事，大大缩减了监考人员的工作量。再配合四角的瞭望楼，可以说号舍区的一切都尽收眼底。

外帘办公空间布局：外帘办公空间是以至公堂为中心。至公堂位于贡院的中轴线上，为贡院中等级最高的建筑。至公堂东西两侧分布着由众多房屋组成的若干空间院落。设有掌卷、受卷、弥封、誊录、对读等诸所，同时也是监临、提调等外帘官员和其他考务人员的居住场所。此外两边还有庖(厨房)等服务辅助用房。

内帘办公空间布局：内帘办公空间中央的建筑，顺天贡院称为聚奎堂，其余各省多称衡鉴堂或抡才堂，但湖南贡院由于地形限制比较特殊，位于至公堂右侧。聚奎堂两边一般设有内收掌、内监试、内提调等以及刻字印刷房等。聚奎堂后面，各省设有一座或两座大堂，名称也不一：京师贡院叫会经堂；福建贡院叫公明堂；陕西贡院叫主考厅五经房。大堂后部或两侧一般是庖廪门、供给所、物料房、宰牲所等各种辅助用房。众多的内帘房屋在聚奎堂两边组成若干院落空间，和号舍区的单调形成鲜明的对比。

3.2.2 典型贡院实例分析

明代吴节《应天府新建贡院记》记载到:"贡举有院内外通制也。南京应天府为天下贡举首,其制度亦必为四方所取法。"[①]说明当时江南贡院是全国贡院之首,它的布局是其他贡院所效仿的对象,因此,先以江南贡院为重要实例,详细介绍其空间布局及形制的演变。

景泰五年(1454年),的修建奠定了江南贡院的基本格局:中为"至公堂",监临、侍御与知贡举官居之,左右夹室则封检、对眷所也,后为内帘寝室,翰林正考居之,东西则同考师儒校雠之处也。堂之前面平而势整,甲乙相向,可为席三千有奇,所以待士也。由南而入则重门萦纡,护之以棘,所以防搜检而严更仆也。与凡庖湢之房,饩廪之库各有位次,而什物之需,几案之用,又皆因时而为之度置者也[②]。

明嘉靖十三年(1534年),应天府尹柴公为了满足三年一次的乡试大比进行增修、扩大,工程始于该年二月,落成于七月。此次增修完的形制记载如下:公以普物则不私,不私斯人说而事成,惟其示人以大公也,是以有至公之堂。堂九间,惟其亦示人以至明也,是以有衡鉴之堂,堂七间,主考居之。惟旁屋十间,同考居之,明以相临也,惟其清也,故以游以息,不迷五色,是以厥北有池,径池有梁,梁北拓地,爰有憩息之堂,堂三间,惟其精也,执艺有所,供应有定,厨湢有备,巡瞭有警,校艺有廊,是以内旁憩息,左右有屋,屋凡十间。外为外大门,门外有碑坊,坊南为街,街南拓地临淮为屋,屋三十二间,中有明楼。楼直大门,以钥以严,大凡为堂之事者三,凡一十九间:为楼者一,为内大门者三间,为外大门数亦如之。凡为屋之事四十有二间,为房十间,拓地为校艺之舍三千七百有奇[③]。

---

①② (明)吴节《应天府新建贡院记》摘录于时呈忠. 南京夫子庙志略[M]. 北京:中国工人出版社,2005

③ (明)湛若水《增修应天府乡试院记》摘录于时呈忠. 南京夫子庙志略[M]. 北京:中国工人出版社,2005

并且(万历)《应天府志·卷十八》也记载了公元 16 世纪 50 年代后江南贡院的空间布局:贡院,在秦淮上府学之东。地广十余亩。中有楼曰'明远',堂曰'至公'。左右为监试提调院,列以眷录,对读供给诸所。前空处即东西文场地,号若干间。堂之后又堂七间,三间为会堂,左右各二间为考官燕居,两序则五经同考官室。堂后大池架口于上。池北之堂曰'飞虹',左右披皆有屋。隆庆初,都御史盛汝谦购隙地,缭以土垣,四通以巡警,外设公馆及群舍,以备供馈。应天府领之。① 从中可以更清晰的了解到当时江南贡院的形制。

明万历八年(1580 年)的修建只是在原来的布局上对房屋进行更新:为堂室之更置者三百三十有奇,为砖舍之新瓮者五千有奇。通过此次修建,主司之莅事于上者,无喧嚣郁滞之苦,诸士就试于下者,无风雨之苦。②

明万历二十八年(1600 年),由于不能满足日益增多的考生的需求,对其进行了扩大,并对一部分号舍和明远楼进行了修缮。这次修建后的结果是:今其前则东西棹楔,内濒河之地悉为扶阑廊明矣。其后,则贸民地数丈,置闸中,与闉阓间口口为庭除,外置口口遂如矣,同考有堂口室爽口,口启处安校阅便矣。号舍库者垫之不足,筑之。易湿为燥,增少为多,士得安其身,毕其技矣。至于明远楼,孤高善圮余毕以瞥,绸缪巩固省频修之费,而弥封膳录,联署比屋,则取而东西置之。以别异远嫌。防范之密,识处之周,为前人所未及者也。③

通过这四次的修建,贡院占地面积不断扩大。明代万历年间,江南贡院的布局已经相当完善和严谨(图 3-4):

---

① (明)程嗣功,(明)王一化,纂修. (万历)应天府志(32 卷)[M].济南:齐鲁书社,1996

② (明)戴洵《应天府重修贡院碑记》摘录于时呈忠主编. 南京夫子庙志略[M].北京:中国工人出版社,2005

③ (明)李机《应天府修改贡院碑记》摘录于时呈忠主编. 南京夫子庙志略[M].北京:中国工人出版社,2005

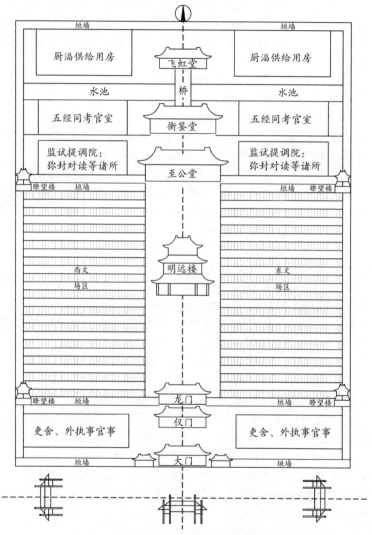

图 3-4　万历年间江南贡院布局简图

贡院四周建有高大的垣墙,上面布满荆棘,这是沿袭宋代之制。垣墙里面有以一条南北向中轴线贯穿贡院的四个组成部分,中轴线上的建筑有牌坊、三门、明远楼、至公堂、衡鉴堂、飞虹堂等。

1) 以贡院大门为中心的候场区域

贡院最南部是候场部分:主要是牌坊、大门、仪门、龙门、公馆(执事官房)、巡绰所等。大门前有广场,东西各有牌坊。士子进入考场考试,必须经过三重门,这样在其心理上增加了贡院的神秘感和威严感。公馆和巡绰所均设置在龙门外。

2) 以明远楼为中心的试场区

该区域建筑有明远楼、东西号舍、四角的瞭望楼。明远楼建在中轴线上,即进入贡院大门之后的甬道上,也是整个贡院的中心。中轴线甬道东西两侧为行列式排列的号舍,是考生考试和住宿的地方,明代后期江南贡院的号舍规模达到九千多间。

3) 以至公堂为中心的内帘办公区域

该区建筑主要有至公堂、弥封誊录对读等诸所、庖湢服务用房等。明代江南贡院内外帘办公区域都集中在北部。至公堂是外帘办公等级最高的建筑,九开间;东西两路设置的封弥所、对读所等,共同构成各种小院落。

4) 以聚奎堂为中心的外帘办公区域

该区建筑主要有衡鉴堂、飞虹堂、考官居所等。衡鉴堂是内帘办公等级最高的建筑,七开间,中间三间是翰林正考官办公的大堂;左右各二间,是其居住的地方。衡鉴堂东西两侧是同考官办公居住的地方。衡鉴堂后有水池,池上架桥。池北是飞虹堂,堂左右两侧均有房屋,是厨房、浴室等供应辅助用房。

清代的江南贡院布局基本沿袭明代形制,只是在其基础上进行了修建和扩建,下面将根据有关贡院"碑刻记"详细分析其在清代的发展变迁(表 3-1)。

表 3-1 清代江南贡院修建年代表

兴建或修建年代	建设内容	号舍规模	资料来源
清雍正二年(1724年)	增号舍四千余楹,并撤旧舍之窄陋者,扩而新之……其他如至公衡镒两堂,左右经房及各所屋舍,一一更新之	万上千楹有奇	(清)李兰《增修贡院碑记》
清道光二十五年(1845年)	集资修缮被淹号舍,同时添建号舍五百余间,对余下的九千间号舍整治一新	不详	《江南重修贡院碑记》
清同治三年(1864年)	重修,具体不详	不详	《上江两县志》
清同治六年(1867年)	增号舍数百	不详	《上江两县志》
清同治八年(1869年)	增号舍数百	不详	《上江两县志》
清同治十年(1871年)	乃更扩而大之,相院旁地垣而合之,东至平江府,西至西总门,凡增二千八百十二间,厕房八十一所,官房四区	万八千九百奇	(清)李鸿章《重修江南贡院碑记》
清同治十三年(1874年)	以机式用洋铁水管通之,飞流在空……又增修"易门坊",改街道稍近南	二万又六百四十四	《上江两县志》

　　经过清代的不断修建与扩大,特别是同治十三年由曾国藩等官员主持重修后,江南贡院已东起桃叶渡、西至县学、南临秦淮河,北抵建康路,拥有两万多间号舍,为全国考场之冠。《上江两县志》有关于当时贡院形制的详细描述:

　　有坊,坊曰"旁求俊乂"、"登进贤良",程恩泽书也。今易以"明经取士"、"为国求贤",曾文正公书也。其大门外,坊曰"辟门"、"吁俊",篆书,仍为程侍郎书。初分东西路点名,今以人众为三路,其中路用木作浮梁,南达钞库街黄公祠侧,盖昔之人数万五千,今且二万余,故也。其大门内为碑亭,左、右曰"整齐"、"严肃"。官廨各三间,其右二门,门五,中曰"天开文运",东曰"抟鹏",又东曰"振鹭",西曰"起凤",又西曰"和鸾"。二门内为"龙门",为"明远楼",上为"至公堂"。堂左监临,右内提调厅,后为砖门。门内有池,石梁曰"飞虹桥",桥北板门,中秋日监临、主司隔桥相贺而已。板门内为广苑,苑北曰"衡鉴堂",阅文处也。又后为主司卧室。衡鉴堂左右有墙门,其内为同考官房、内帘监试房,其余兼从、厨、湢皆备焉。龙门坊左右曰东西龙腮号,进水之所,故患沮洳。今方伯南昌梅公,以机式用洋铁水管通之,飞流在空,应念水足,为从古所未有……龙门北,明远楼东西曰"大号"。东大号之中有街,街尽处曰"平江府",由此再东曰"姚家巷",王孝廉时中倡募置之也。平江府北曰"誊录对读所"。西大号之北,曰"供给所",其内为状元新号,以邻状元境街也。复城以来,曾文正公于三年修之,六年、八年李伯相增号舍数百。至十二年皖省各贤之官方面者,又增修"易门坊",改街道稍近南,而号舍至二万又六百四十四。上江四,下江六,分坐之其门外。道南新置官屋百十间,为供给所外提调各官公馆。西邻县学奎星亭,东与谢姓屋为邻,南邻秦淮,北至贡院街皆官所也。[①]

这段描述与在江南贡院博物馆所藏的江南贡院全图[②]相吻合(图 3-5),再参考现代带有比例尺的地图和 Google Earth 软件(图 3-6),得到江南贡院的基址占地十五万平方米左右,而不是现在通说的三十万平方米。结合上一段文字描述可知,清代的江南贡院建筑形制基本沿袭明代之制,和明代的江南贡院相比,有以下四点区别:

---

① (清)莫祥之,(清)甘绍盘,修;(清)汪士铎,等纂.(同治)上江两县志[M].南京:江苏古籍出版社,1991

② 现陈列馆明远楼一层东壁挂的《江南贡院全图》是 1999 年刘海峰教授参访时赠送的复印件。

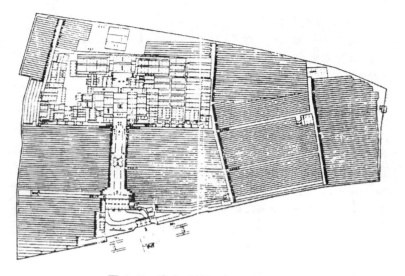

图 3-5 清末时的江南贡院平面图

图 3-6 江南贡院在现代地图中的范围

1）候场区的不同

从图3-6可看到，为了适应地形，入口处中轴线往东折了一些。清代候场区主要建筑依次有：牌坊、大门、碑亭、官廨、二门（五开间）、龙门。可见大门内两侧的碑亭是在清代才有的。

2）号舍规模的增加

清同治十三年后，号舍规模达到两万多间，原来中轴对称的布局已不能满足日益增多考生的需要，因此往东一直扩大到桃叶渡，往北到建康路。从江南贡院号舍全图可看到，平江府、姚家巷的号舍区增加了一个明远楼，因此，清末的江南贡院有两个明远楼。这可以从清末时的一张老照片（图3-7）中得到证明：从照片中号舍的排列方向可知，该照片是从西往东照的；从可以近距离俯瞰号舍的场景又可知，该照片应该是站在西侧明远楼上拍摄的，所以照片中出现的明远楼毫无疑问是加建号舍区的明远楼。

图3-7 20世纪初的江南贡院

3）办公区域的不同

该区域的主要建筑有：至公堂、飞虹桥、衡鉴堂、监临厅、提调厅、同考官房、内帘监视房等。至公堂和衡鉴堂之间有水池，池上架飞虹桥将其隔开,使内外帘的防范程度大大增加,而明代江南贡院水池在衡鉴堂之后。

4）供水设施的完善

清代后期除了贡院内本身挖有井外,龙门坊左右两侧还有龙腮号进水所,以机式用洋铁水管通之,水可以直接流到贡院内,大大解决了饮水问题。

由此可见,清代江南贡院和明代贡院布局大的方面基本相同,最大的差别是号舍规模的增加和设施的完善。号舍的增加与基地的规模是一个矛盾,所以导致清末江南贡院特殊布局的出现。

综上所述,明代万历年间的江南贡院布局比较典型,代表了一般贡院的布局特点。

从清光绪年间留下的顺天府贡院图(图 3-8)可看到,顺天贡院遵循着一般贡院的布局模式,只不过号舍在逐渐增多的过程中渐渐往后部的内外帘办公区发展。正如《天咫偶闻》所描述的：自增建后,号舍亦展,于是瞭望亭反居其南……乃更增二亭于北,凡六亭。即到了清末,为了适应需要,瞭望亭有六座。

从清末浙江贡院全图(图 3-9)可清晰地看到,浙江贡院也是比较典型的贡院布局模式。

3.2.3 特殊实例研究

从众多贡院史料记载中可发现,尽管绝大多数贡院的建筑具有统一的范式,但是各地的贡院布局在因地制宜的情况下也出现了比较特殊的实例,湖南贡院就是其中一例。湖南贡院建于雍正元年(1723 年),从清代湖南贡院平面图(图 3-10)可看到,湖南贡院同样分为候场区、号舍区、外帘办公区和内帘办公区这几部分。但是大部分号舍却位于内外帘办公区的北侧和西侧,南部和东部为内供给、弥封所、掌卷所、医所、受卷所等办公用房,进入北面号舍的考生进场时需经过长长的办公区才能到达试场区,颇为不便。这是因为湖南贡院为原有书院改建,南边不好进行拓址,而北侧有大片用地的原因。

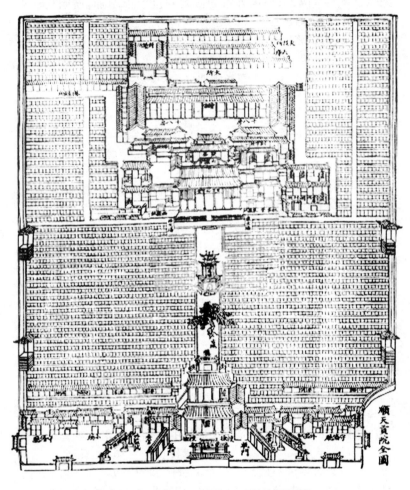

图 3-8　清光绪年间的顺天贡院平面图

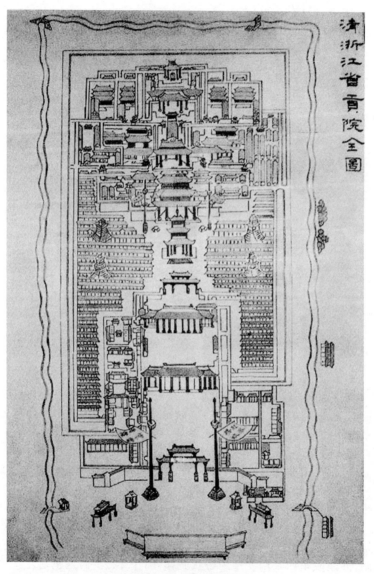

图 3-9　杭州贡院平面图

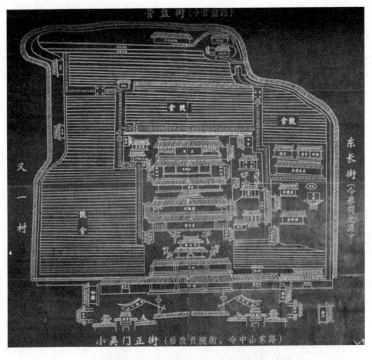

图 3-10 湖南贡院平面图

  而兰州贡院确是因地制宜的最好例子。兰州建立省级贡院已迟至清朝末期。康熙五年,清政府决定设立甘肃行省(即甘肃布政使司),与陕西实行分治,并将兰州定为甘肃省省会。然而,直到光绪元年(1875 年),左宗棠力主甘肃分闱的疏奏获得清廷批准以后,甘肃才拥有独立进行乡试的权力,并得以创建了兰州贡院。兰州贡院主体建筑布局朝向是坐东朝西,比较特殊。从《兰州市志》的记载"西南角开贡院门,进门北行为大门"中可窥见这一切。这是因为,兰州东西黄河穿城而过,南北群山对峙,蜿蜒百余里,形成东西长南北窄的带状河谷川地(图 3-11)。受地形限制,亦建成东西长南北窄的带状城郭(图 3-12)。而这也是左宗棠不拘泥于祖宗礼法,因地制宜思想的反映。

图 3-11　兰州卫星图

图 3-12　一百年前的兰州城

　　根据现在带有路网的地图可看到清甘肃贡院的旧址（图3-13）和贡院当时位于城西北郭的记载相吻合。对照到清宣统年间的甘肃兰州省会城关全图上（图3-14），推测贡院在当时城市中的空间位置，就不难明白为什么贡院大门设于城之西南角了。

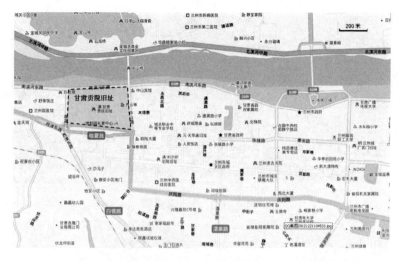

图 3-13　现在的兰州古城区

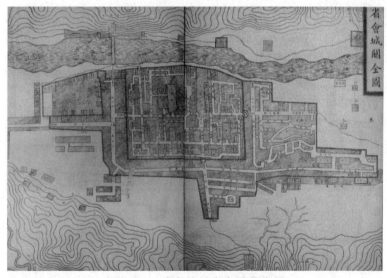

图 3-14　清末的甘肃省城关全图

根据《甘肃新通志》记载:其基纵一百四十丈,横九十丈,外筑城垣,内建棘闱。折合成现在即 14 万平方米左右。贡院同样分为四大部分,从贡院西南角进入,往北是大门。大门左右两侧有点名厅和搜检厅。大门南边是外官厅和外供给所。自西往东,中轴线上依次布置龙门、明远楼、至公堂、观成堂、衡鉴堂、雍门、录榜所。明远楼两侧是南北号舍。至公堂南侧,即堂左是监临总督署、提调道署,右边是监试道署。对读、誊录、收掌等所位于至公堂后两侧。观成堂后,左右为走廊,中为穿廊,紧接内帘门。内帘门左为内监试署,右为内收掌署。其后中间是衡鉴堂。衡鉴堂左为南衡文署,右为北衡文署。衡文署是同考官批阅试卷的场所。衡鉴堂后为雍门。进入雍门,南北各五房,是服务附属用房。总图格局如图 3-15 所示,充分显示了甘肃贡院灵活运用地形,不拘泥于原有礼数,因地制宜的设计思想。

还有一个重要的实例是定州考棚。它始建于乾隆四年(1739年),道光十四年(1834 年)重修,是目前保存最完整的清代科举试场。尽管它是清代童试的地方,级别上比贡院低一级,但是定州考棚的布局却是参照省治府城贡院的形制并结合地方建筑特点而建,所以当地又称定州贡院。从《定州志》中道光年间的定州贡院全图(如图 3-16)可看到它分为文武两个考场。文场的空间布局也完整的分为四大部分,完全中轴对称,在中轴线上由南至北依次坐落着影壁、大门、二门、魁阁号舍、大堂、二堂、后楼这些建筑。

首先,候场区在东、西两侧的围墙上开有辕门作为入口。影壁(图 3-17)位于贡院南端,是当年考后揭榜的地方。影壁后东西两侧设一对旗杆。大门和影壁之间的院落较大,方便考生的候场。大门前设高大的月台,台上两侧设一对威严的石狮(图 3-18),给人心理上的威慑,营造出庄严肃穆的气氛。大门和二门之间空间狭小,给人心理上造成压迫感。这种利用空间院落的变化营造出使用者所需要的氛围,正是中国古建筑群常用的手法。大门面阔三间,硬山顶,正脊为青瓦砌花脊,垂脊为普通陡板脊。二门现已不存。

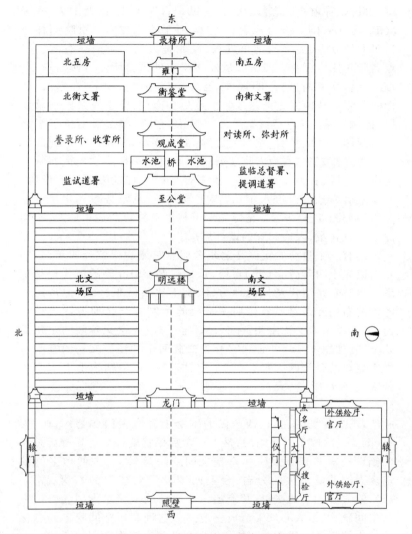

图 3-15　清代甘肃贡院布局简图

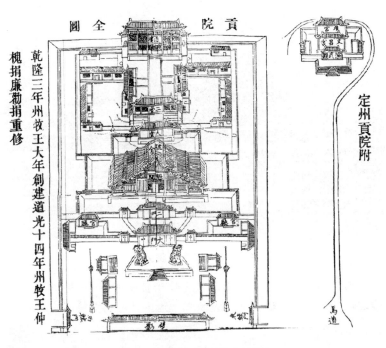

图 3-16 定州贡院布局图

图 3-17 定州贡院影壁

图 3-18　定州贡院大门

第二部分是号舍区。魁阁号舍居于贡院的中心,是贡院的主体建筑(图 3-19),是童试时的场所。这正是定州考棚区别于其他

图 3-19　定州贡院魁阁号舍

省级贡院的地方。现存的魁阁号舍始建于乾隆年间,面积900平方米。

　　第三部分是外帘办公部分。大堂是考生交卷、考官封卷的地方。大堂面阔三间,进深二间,后出廊。大堂的屋顶分为南边的卷棚硬山顶和北边的普通硬山顶(图3-20)。从定州考棚的布局来看,大堂普通硬山顶部分应为内、外帘官分界处。

图3-20　定州贡院大堂

　　第四部分是内帘办公部分。自二堂至后楼,是一个较大的院落,两侧是附属建筑,组成东、西两个小院落。这一部分是考官进行批阅试卷、住宿等活动的场所。后楼面阔五间,二、三层前有走廊,楼梯置于走廊上,后为封檐墙,硬山顶。东、西两边各有两层的耳楼,是硬山卷棚顶(图3-21)。耳楼面阔、进深各一间,是存放考卷所用,没有门只有窗,内部也未设楼梯。

　　在贡院东侧,是和西边院落并列的武场。与关卡重重的文科考场相比,东边建筑布局较为简单,主要有演武厅、文昌宫、后宫,建筑前大片场地为跑马场。现在原建筑已无遗存,东边这部分场

图 3-21   定州贡院后楼

地已为民居[1]。

　　定州考棚建筑布局分区明确,单体建筑功能与形式完美统一,尤其是魁阁号舍,而且它是唯一遗留下来布局比较完善的古代科举考场,这一切使得其研究价值并不低于其他省治贡院。

3.3   小结

　　从本章可清晰看出,尽管明清各地贡院布局有所细微差别,但总体布局大致相似:明代贡院形成以一条中轴线贯穿候场区、试场区、外帘办公区、内帘办公区这四大组成部分的建筑布局,中

轴线上布置了三门、一楼、三堂这些主要建筑。形成了一人一间行列式排列的号舍,这种排列的号舍直接导致了明远楼的出现。清代贡院沿袭明代贡院基本布局形制,但在有的贡院大门前出现了鼓楼或鼓亭的形制。有少部分贡院布局比较特殊,这是因地制宜的结果。明清贡院建筑规制相当严密,这是配合科举制度流程的结果。

1905年12月6日,清政府设立学部,延续1000多年的科举制度终于完成其历史使命,近代教育由此开始,这也预告着贡院历史使命的结束。

4 明清贡院中的重要单体形制特征

4.1 入口牌坊

　　尽管史料记载中未留下相关牌坊形制的记载,但在清末曾留下不少关于贡院牌坊的珍贵照片,如江南贡院大门前牌坊是三间四柱三楼冲天式木牌楼(图 4-1),既突出华表柱,又凸显屋顶的牌楼,融合了二者之长处,额枋间雕花相当细致,带有明显的地域特色。广东贡院中路牌坊是三间四柱式冲天式石牌坊(图4-2),形式简洁,柱顶上雕一蹲兽。山东贡院中路牌坊是三间四柱牌楼形式,砖木混合结构。立柱全用石料,凸显稳重,上部额枋与斗拱为木料,显出了木坊的轻盈。明间四朵斗拱,次间两朵斗拱,木构额

图4-1　江南贡院大门前牌坊(摄于 19 世纪末或 20 世纪初)

图4-2　广东贡院大门前牌坊(摄于 19 世纪末或 20 世纪初)

枋间还有与科举主体相关的祥云彩画(图 4-3),整座牌坊是清代
官式建筑的风格。可惜这几座牌坊现均毁。从这几个例子可见,
贡院大门前的牌坊以三间四柱式居多,同时地域性的特点充分体
现在其中。

图4-3　山东贡院大门前牌坊(摄于 19 世纪末或 20 世纪初)

4.2　号舍

　　明代之初,号舍是用草席搭建而成,防雨防火各方面性能均不如砖号舍,明代后期才基本实现了用砖建号舍。关于清代号舍有详细记载:号舍上面瓦顶,每间隔以砖墙,南面无门,考生进舍后,以油布做帘,藉蔽风雨。舍内高约二公尺半,宽一公尺二,深一公尺半。在东、西砖墙离地面一公尺及数十公分两处,砌有上、下两层砖缝,安置木板,日间坐下层板,伏上层板答卷;夜晚抽上层板安至下层,做成短小卧铺。再北面砖墙内有小墙龛,用以安置油灯杂物……(号舍)南墙边有水沟,巷尾有厕所①。这种低矮的号舍与各种考试官员的办公大堂相比相当的简陋,形成鲜明的对比。

　　各省贡院号舍大都是单坡顶,行列式布局,如河南贡院号舍(图4-4)、京师贡院号舍(图4-5)、江南贡院号舍(图4-6),其中江南贡院和福建贡院(图4-7)的号舍群南北向还用墙连起来,每排开一个门,增加了其整体的抗震性。南昌贡院号舍屋顶形式比较活泼,是弯曲的单坡顶(图4-8)。

图4-4　开封贡院号舍(摄于20世纪初)

---

　　①　摘录于杨正宽,黄有兴,等编纂.重修台湾省通志·卷七·政治志·考铨篇(第一、二册)[R].台湾省文献委员会,1997:44

图 4-5 京师贡院号舍(摄于 20 世纪初)

图 4-6 江南贡院号舍(摄于 20 世纪初)

图 4-7　福州贡院的考棚(1915—1920)

图 4-8　南昌贡院号舍(Geil，William Edgar 摄)

与乡试贡院号舍形成鲜明对比的是定州考棚的魁阁号舍。乾隆年间是九开间;道光十四年重修时,在南端添建了魁阁,始成现在的面阔七间,进深十间,面积近 900 平方米的建筑。该建筑屋顶形式复杂(图 4-9),中间一间是卷棚悬山顶,左右两侧是单坡悬山顶。最南端魁阁部分虽然是后加的,但它的屋顶与后部相协调,明间最高,为半个攒尖顶,出两个翼角;两边次间、梢间、尽间依次降低,正面形式与牌楼相似。

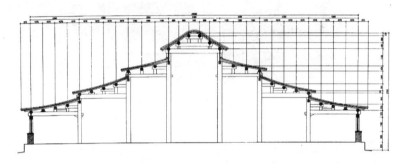

图 4-9　魁阁号舍横剖面

此外魁阁各开间所出的翼角均不是 45°方向(图 4-10)。由于各间面阔不同,为取得较好的立面效果,则举高也需不同,由此也可看出地方建筑在设计上具有一定的灵活性。建筑在最高一层和第二层屋檐下沿进深方向开有通长的直棂窗(图 4-11),这样号舍内不仅采光充足,还可避免士子受风吹日晒雨淋之苦,不像在省治贡院号舍中考试那样痛苦,充分体现了当地官员对读书人的尊重。

图 4-10　定州贡院魁阁翼角做法

图 4-11　定州贡院魁阁天窗

4.3　明远楼

明远楼一般是二层或三层楼阁式建筑。明远楼是在明代贡院中才出现的,分析原因如下:明代一场试三天的科举制度导致了白天考试、夜晚休息的一人一间号舍的出现,而这种号舍在一定程度上导致了可以登高望远的明远楼的出现。监临、外提调、外监试可以随时登临明远楼,瞭望士子有无作弊之事,大大缩减了监考人员的工作量。再配合四角的瞭望楼,可以说号舍区的一切都尽在眼中。江南贡院明远楼(图 4-12)、京师贡院明远楼(图 4-13)、陕西贡院明远楼(图 4-14)均是在明代基础上进行不断维修的,平面皆是正方形,体量不大,二层、三层直接开窗或通透式设计,没有外廊。其中江南贡院和顺天贡院四面开拱券门。陕西贡院一层、二层是正方形,三层转换成八边形,方便 360°进行眺望。

而清代重建的明远楼大都体量较大,平面大多不是正方形,且多有外廊。这是因为清代的明远楼不仅有瞭望的作用,还可供监考官休息。这种功能决定了清代明远楼的开间和面阔均比明代的大。如广东贡院明远楼(图 4-15)、福建贡院明远楼

图 4-12　1910 年的江南贡院明远楼

图 4-13　20 世纪初的京师贡院明远楼

图 4-14　陕西贡院明远楼（日本学者足立喜六
1906—1910 年在陕西任教时拍摄）

（图 4-16）、成都贡院明远楼（图 4-17）、甘肃贡院明远楼（图 4-
18）。其中，由于清代四川贡院由明蜀王府改建而成，所以明远楼
体量显得尤其大，一层东西两侧还可见加建的披檐部分。

图 4-15　广东贡院明远楼
（Canton，1873 年拍摄）

图 4-16　福建贡院明远楼（拍照
时为福建省议会（1911—1913））

图 4-17　成都贡院明远楼　　　　图 4-18　甘肃贡院明远楼
（Mr. Davidson 摄于 20 世纪初）　（澳大利亚莫理循拍摄于 1910 年）

　　从遗留的老照片看出,明远楼大部分是三层楼阁式建筑,也有少数是两层形制。屋顶形式以歇山和攒尖顶为主。京师贡院明远楼屋顶形式稍复杂,为歇山十字脊。

4.4　至公堂

　　至公堂的建筑等级在贡院中居于首位,多为五开间或七开间,也有九间者,屋顶以悬山形式居多。如明代江南贡院至公堂记载就是九开间。清代时江南贡院至公堂已不是九开间(如图4-19),可惜照片模糊,分辨不出是硬山还是悬山,现江南贡院中的至公堂为20世纪末复建。清末时广东贡院至公堂是五开间悬山顶(如图4-20),四川成都贡院至公堂是五开间的悬山顶(如图 4-21),这两座建筑现均毁。现存的云南贡院至公堂和兰州至公堂,均是清代遗物。云大至公堂是五开间的硬山顶,彩画装饰丰富(如图4-22),1987 年 12月 21 日,被云南省人民政府公布为第三批省级重点文物保护单位,21 世纪初由云南省教育厅、文化厅、财政厅及云南大学筹款落架重修。兰州至公堂为十三檩五脊悬山顶,面阔七间,青砖砌成,山面是五花山墙并有磨砖避水墙帽,灰黑色琉璃筒瓦屋面。前檐明间悬挂宽 3.15 米,高 1.15 米的巨匾一块,上镌左宗棠行楷"至公堂",青底金字(图 4-23、图 4-24)。

图 4-19　江南贡院至公堂(Mr. Davidson 摄于 20 世纪初)

图 4-20　广东贡院至公堂(拍摄于 19 世纪末)

图 4-21 成都贡院至公堂（拍摄于 20 世纪初）

图 4-22 现在的云南贡院至公堂,在云南大学校内

图 4-23　现在的甘肃贡院至公堂

图 4-24　现在的甘肃贡院至公堂山面

4.5 其他

关于贡院大门形式没有记载,现仅存两张老照片,可找到贡院大门的影子:江南贡院大门是悬山式屋顶(图 4-1);清代的广东贡院大门是五开间歇山顶(图 4-2)。

关于龙门形式也没有记载,现仅留一张广东贡院清末时龙门照片(图 4-25),是三开间的牌楼形式,屋脊上的灰塑形式活泼,带有明显的广东地域特色。

图 4-25　广东贡院龙门(摄于 19 世纪末或 20 世纪初)

5　结语:研究的推进与展望

　　作为为科举服务的场所,贡院自古被历代统治者所重视。尽管它设于地方城市,但直属于中央。事实上,至少自宋代起,贡院在各地方志就被明确地记载于官署建筑的体系之中,因此它具有官方颁布的建筑范式。

5.1　研究的推进

　　本书对于明清贡院建筑的研究从大的方面上言,基本达到了导论中对全书意义的判断。本书的研究在以下几个方面有所推进:

　　(1) 系统梳理了贡院的发展历程,并对宋代贡院建筑形制予以初步探讨。

　　明确了在唐代礼部贡院不仅是一个考场,更是一个具有一定行政职能的机构。宋代礼部贡院经历了从尚书省到太学、辟雍,再到有独立的礼部贡院建筑群的不断变迁。解试的场所也经历了从借当地寺院、道观到最终有独立的郡州贡院或转运司贡院的变迁。宋代后期贡院的基本形制是由外帘办公区、试场区、内帘办公区组成,同时遵循着中轴对称的原则,此时候场等候区还未形成。

　　(2) 在充分挖掘历史文献的基础上,对明清贡院的选址进行了研究。

　　明清贡院选址时不仅考虑到注重形盛的重要性,还注意到避水患,解决临水而不被冲噬的矛盾;不仅考虑到考官和士子往来交通方便这一主导因素,还要兼顾短时间建造的费用和周期等问题。同时,贡院与商市的结合不仅使得供给方便,而且极大促进了当地经济的发展。

（3）力图在史料搜集和整理方面对明清贡院形制的深入研究做出基础性的贡献，并对其建筑配置、空间布局、重要单体建筑等进行了分析和总结。

明代贡院形成以三门、一楼、三堂为中轴线，贯穿候场区、试场区、外帘办公区、内帘办公区这四大组成部分的建筑布局，而且还形成了一人一间行列式排列的号舍，这种排列的号舍直接导致了明远楼的出现。清代贡院沿袭了明代贡院几大功能组成部分的基本形制，并在其基础上不断演进。如在贡院大门前出现了鼓楼或鼓亭的形制，单体中，明远楼也较明代有所差异。

5.2 研究的思考与展望

贡院建筑的发展是在科举制度影响下的动态演变的历史过程。了解各时期贡院建筑的特点和古代各种考试类型的建筑才能真正了解这一特殊建筑。囿于史料搜集和时间等各方面的限制，有些值得探讨的问题作者在该阶段研究中还未得到解决：首先，宋代各类贡院建筑的形制具体是怎样的？它们和明清贡院建筑有什么关系？其次，除定州考棚外，明清的试院、校士馆等考棚建筑和明清贡院建筑有什么区别和联系？这些都值得我们深层次地去探索。希望本书对明清贡院建筑的尝试性研究，能为今后研究古代科举考试建筑开辟一个新的视角，给向人们展现完整的、具有特色的古代科举考试建筑提供可能性。

附录一 贡院现存情况表

贡院名称	现存情况
江南贡院	现属于夫子庙景区范围内。建筑仅存明远楼为清代遗物，至公堂和部分号舍为现代复建。1982 年列为江苏省文物保护单位
北京贡院	全毁，古贡院遗址现为中国社会科学院大楼等多座大楼用地。现仅留贡院东街，贡院西街，贡院头条，贡院二条，贡院三条等路名和地名
广东贡院	1905 年广州贡院改建为两广速成师范馆，也即后来广东大学和中山大学前期校址所在地，现为石碑村，旧址现仅存明远楼
河南贡院	建筑均毁，现旧址为河南大学明伦校区所在地。在河南大学明伦校区外语学院北侧，完好地保留了两通四角碑亭，每个亭内都立有一通清代河南贡院碑，其一立于雍正十年（1732 年）；另一通立于道光二十四年（1844 年）
湖北贡院	建筑均毁，旧址今为湖北省武昌实验中学和武汉幼儿师范学校
陕西贡院	建筑均毁，旧址今为儿童公园所在地
江西贡院	建筑均毁，旧址今为八一公园所在地
福建贡院	1912 年 4 月 20 日，孙中山莅闽，在福建贡院至公堂发表重要演讲，为纪念此次演讲，1932 年，福建省府将至公堂改名为中山堂，中山堂南面的贡院呈大街改名为中山路，并作为国民党福州党部所在地。2001 年，福建民革筹资三百万将其修复一新，并辟为孙中山纪念馆

贡院名称	现存情况
浙江贡院	建筑均毁，遗址今为杭州高级中学所在地
山东贡院	建筑均毁，遗址今为山东省政府所在地
山西贡院	清代贡院建筑均毁，后为山西省立一中所在地，现为中共太原支部纪念馆
广西贡院	现今恢复原貌的考舍约六十余间。遗址今为广西师范大学所在地
四川贡院	建筑均毁，现旧址为天府广场和成都体育中心等的所在地。辛亥革命前，曾在此创办四川省立四川大学，在辛亥革命后，改作四川省军政长官公署，民国七年(1918年)，各官署又迁走，恢复为学校。至公堂、明远楼及牌坊与贡院旧屋在文化大革命期间被全部拆除
云南贡院	坐落在今云南大学校园内，现包含至公堂、东号舍、会泽院、映秋院、钟楼等建筑群，其中只有至公堂和东号舍为贡院原物，其他为民国所建。1987年12月21日，被云南省人民政府公布为云南省重点文物保护单位
甘肃贡院	现仅存至公堂、观成堂、衡鉴堂于2000年被擅自拆除。科举废除后，一直是兰州大学所在地，现为兰州大学第二医院
湖南贡院	建筑均毁，现旧址上有湖南一师二附小、湖南省文物局及不少商业建筑等
贵州贡院	建筑均毁，现旧址上为贵阳市乌当区下坝乡

附录二 明代贡院创建与维修年代表

贡院名称	修建年代	规模大小（以明代后期为准）	信息来源
江南贡院	明景泰五年（1454 年）在原址重建 明嘉靖十三年（1534 年）修建 明万历八年（1580 年）修建 明万历二十八年（1600 年）修建	地广十余亩，九千有奇	《南京夫子庙志略》
北京贡院	明永乐十三年（1415 年）改元礼部为之 明万历二年（1574 年）扩建	其地因故址拓旁近地益之，径广百六十丈，号舍四千八百有奇	《北京市志·篇 9·金石志》
广东贡院	宣德元年 1426 年	不详	《广州城坊志》
河南贡院	宣宗宣德九年（1434 年）始建 英宗天顺六年（1462 年）维修 嘉靖甲子四十三年（1564 年）号舍以砖易板 崇祯十五年（1642 年）黄水入城，贡院被毁	东西文场三千六百间，后不敷用，每号头增添板号二间。	《汴京沧桑：开封龙亭》
湖广贡院	正统十四年（1449 年）始建凤山之阳 成化四年（1468 年）修葺 弘治十七年（1504 年）扩建	不详	《湖广通志·卷18》

贡院名称	修建年代	规模大小（以明代后期为准）	信息来源
陕西贡院	明景泰间(1450—1456)左布政使许资奏建 嘉靖四年(1525年)增修 嘉靖十九年(1540年)维修	不详	《续修陕西通志稿·卷163·金石二十九》
江西贡院	洪武二十九年,仍拓地于东湖左,得三皇殿故址创建 嘉靖元年(1522年),以东湖水溢,就进贤门内废宁府阳春书院改建。后火复迁东湖之左	不详	《南昌县志·卷9·建置志下》
福建贡院	洪武十七年(1384年)兴建 成化七年(1471年)迁址重建 正德十一年(1516年)、正德十四年(1519年)扩建万历五年(1577年)贡院毁于火,翌年重建	东西各辟八丈,长百丈。南辟十六丈,长二十五丈	《福州府志（上册）》
浙江贡院	洪武初年"在今（康熙年间）府学西",仁和学故址 英宗天顺三年(1459年),原仁和仓故址改建 嘉靖二十五年(1546年)大修 万历四十年(1612年)把木屋改为砖屋	不详	《杭州教育志》《中华传世文选·明文在》《武林坊巷志·第六册》

贡院名称	修建年代	规模大小（以明代后期为准）	信息来源
山东贡院	洪武初建 成化十九年（1483年）年重修 嘉靖元年（1522年）重建至公堂	六千间	《历城县志正续合编1》
山西贡院	明正统十年（1445年）明指挥使陈彬故宅以西南角水池及空地易之	其地四十七亩有奇，围四百二十一二步	《山西通志·卷37》
广西贡院	天顺年间（1457—1464）兴建 嘉靖四年（1525年）扩建	新西门内临桂县治西北，爱市民居暨宗室园圃，约袤二十条寻，广视旧增三之一	《广西通志》
四川贡院	不详	不详	不详
云南贡院	景泰四年（1453年）始建 弘治十二年（1499年）迁建于现云南大学	二千八百有奇	《云大文化史料选编》
贵州贡院	嘉靖庚寅年（1530年）兴建	不详	（嘉靖）《贵州通志·卷12》

附录三 清代贡院创建与修建年代表

贡院名称	修建年代	位置规模（以清代后期为准）	史料来源
江南贡院	雍正二年（1724）增修 道光二十五年（1845）维修 同治三年（1864 年）、六年（1867 年）、八年（1869 年）、十年（1871 年）维修	二万又六百四十四	《南京夫子庙志略》
京师贡院	年代不详	在城东南隅，明因元礼部基为之。万六千人	《天咫偶闻》
广东贡院	康熙二十三年（1684 年）兴建 道光二年（1822 年）重修 道光二十二年（1842 年）重修 同治元年（1862 年）原址复建 同治六年（1867 年）重修	万一千七百八间	《广州碑刻集》
河南贡院	顺治年间改故周王府为贡院 雍正九年（1731 年）院址迁往开封城东北隅的上方寺内 道光二十二年（1842 年）重修	于省治之东，得隙地，方广一顷九十七亩 号舍万有九千	《开封市志·第 6 册》

贡院名称	修建年代	位置规模（以清代后期为准）	史料来源
湖北贡院	康熙三十一年（1692年）拓基增号 四十二年（1703年）拓号五千余 雍正二年（1724年）南北分闱稍加裁并 嘉庆九年增号八百间 咸丰八年（1858年）重修	一万二千二百间有奇	《湖北通志·卷18》
陕西贡院	道光十五（1835年）增修 同治四年（1865年）、五年（1866年）、十二年（1873年）增修	一万一千余间	《续修陕西通志稿·卷6·建置一》（康熙）《咸宁县志·卷2》
江西贡院	顺治十年（1653年）进贤门内旧址重建 康熙二十年（1681年）复移建于东湖故址 奠定贡院基础 康熙五十八年（1719年）增加号舍 嘉庆乙亥（1815年）、二十二年（1817年）改建号舍	一万七千五百九十一座	《南昌县志·卷9·建置志下·公所》（光绪）《江西通志·卷六十七·建置略·廨宇一》
福建贡院	乾隆十八年（1753）重修 清道光七年（1827）重修	两万六千八百有奇	《福州府志》

贡院名称	修建年代	位置规模（以清代后期为准）	史料来源
浙江贡院	康熙二十三年（1684年）增建号舍 康熙五十年（1711年）号舍增至12260间 咸丰十一年（1861年）毁于兵火 同治三年（1864年）捐资重建，四年（1865年）八月竣工	三面缭以崇垣，广五三十尺，径七十尺……河之东北角，本极欹斜。自吉庆桥至梅家桥，横直镇五百八十余尺。号防勇填改道，移筑吉庆桥于东……号舍13 000多间	《武林坊巷志·第六册》
山东贡院	雍正十年（1732年）增建号舍 乾隆二年（1737年）、二十一（1756年）年、三十二（1767年）年维修 嘉庆九年（1804年）维修 道光五年（1825年）增修	八千九百十有九间左右	《历城县志正续合编3》
山西贡院	隆庆四年（1570年）维修	八千余座	《古城衢陌》
广西贡院	顺治十四年（1657年）以独秀峰南面靖江王府旧址改建 雍正十年（1732年）重修 乾隆四年（1739年）增修	五千十一间	《广西通志》 《临桂县志·中1》

贡院名称	修建年代	位置规模（以清代后期为准）	史料来源
四川贡院	康熙四年（1665年）于明蜀王府内城旧址建贡院	不详	张新明《巴蜀建筑史——元明清时期》
云南贡院	清康熙三年（1664年）重建 康熙四十七年（1708年）增修 嘉庆六年（1801年）增建号舍	五千多间	《云大文化史料选编》
甘肃贡院	光绪元年（1875年）兴建	四千多间	《甘肃新通志·卷31》
湖南贡院	雍正元年（1723年）兴建 雍正十二年（1734年）改建 乾隆四十三年（1778年）维修 同治四年（1865年）添建	五千之数	《光绪湖南通志·二》
贵州贡院	不详	不详	不详

附录四　明代贡院建筑形制史料表

贡院名称	建筑规制及形制布局记载	史料来源
江南贡院	中有楼曰"明远",堂曰"至公"。左右为监试提调院,列以誊录、对读供给诸所。前空处即东西文场地,号若干间。堂之后又堂七间,三间为会堂,左右各二间为考官燕居,两庑则五经同考司存。堂后大池架于上。池北之堂曰"飞虹",左右被皆有室。隆庆初,都御史盛汝谦购隙地,缭以土垣,四通以巡警,外设公馆及群舍,以备供馔	(万历)《应天府志·卷十八》
京师贡院	微道前人,左、右、中各树坊,名左曰"文明",右曰"周俊",中曰"天下文明",右曰"虔门",以备讥察,次右曰"龙门",踰龙门直甫道为明远楼,四隅各有楼相望,以为瞭望。东西号舍七十区,区七十间,易旧制板屋以瓦甓,可以避风雨,防火烛。北中为至公堂,堂之北号至公堂,其西东为对读、誊录三所,供卷三所,其东为监试厅,又东为弥封、受卷、供给三所,其西为对读、誊录各三所。后为聚奎堂,七楹,旁舍各三楹。主试之所居也。又后为燕喜堂,翼翼如也。其后为经堂,堂东西经房相属,凡二十有三楹,同考官工正居之。其以外,殖殖如也。又后为燕喜堂,东西号房凡十六楹,诸胥吏、工正居之。其以内,渠渠眈眈如此。其他庖、湢、库、舍,所在而有,明奥向背,咸中程度	《张太岳集》

贡院名称	建筑规制及形制布局记载	史料来源
广东贡院	明宣德元年建于内城大石街，院后山象三台，而前面濊溢。……嘉靖间增修，门前建两牌坊，曰"兴贤"、"登俊"，又建石桥，亭其上，曰万里桥	《广州城坊志》
河南贡院	周府西角楼西，路北碑坊，上书"贡院"二字，东西有过街坊：东坊有过街坊"二字，东西有过街坊：东坊书"虞门四辟"，西坊书"周俊同登"。大门三间三开，二门三间三开。北有木坊，上书土。门内有搜检房，二门东西两角门。上书"龙门"二字。东西文场号房三千六百间，后不敷用，每号头增添板号房二间。院中有明远楼，四角有瞭望楼。北是致公堂，东有皂隶各役房及内供给房，西是厨房，锅炉不可计数，水池俱是锡镶。致公堂后，东是监临絜院，西是提调官衙，后是受卷所、誊录所、对读所，东是弥封所，后正副主考住房，是五星聚处。正北是文衡门。……门内俱是经房，是五星聚处	《如梦录·试院纪第九》
湖广贡院	前为腾蛟、起凤坊，稍缩为门，有三司公事厅，百职供用所，有楼，有祠，有受牲之所，门之内有检阅厅，有饭军局，路纡回转折，广四丈而余，当折处有某坊，有二门，有合扁曰"大比文场"，有巡绰房，有楼立于台上，则明远堂，堂前左为誊录所，对读所，右为弥封所，受卷所，又后为监试堂，又后有文衡堂，左右为试，加楼，栖诸生也；后之左右为提调印局，有刊刻黉门，有供给所，有物料房，有誊录所，有滕官居焉。月台之左，有庖厨，有号舍拼除地具焉。栖宿炊冷器池，拼除地具焉	《见素集·卷八·湖广贡院增修记》

附录四续表

贡院名称	建筑规制及形制布局记载	史料来源
陕西贡院	贡院坊,在先门之前,其东腾蛟坊,西面起凤坊,咸改建壮丽其,门亦如三坊也,明远楼在三门之内,瞭望楼在其四隅,至公堂在明远楼西北,南面又其北为四所弥封,供给。收掌试卷房凡二东西对开,有为国求贤堂北面,又其北为外帘,含蔡藩臬对居焉。其厅皆扁以精白一心,又扁曰公明,皆在文衡门之南,门北则聚奎堂旧,增为五稳棠,且广矣,奎也有不聚乎,又见其北北为主考厅五经房,在其左右对咸更新焉	《陕西贡院重修碑记》摘录于《续修陕西通志稿·卷 163·金石二十九》
江西贡院	不详	未知
福建贡院	中为至公堂,后为衡鉴堂。二堂之间,因旧池累石,加桥于其上,以通往来。池之东侧为厢房,东西各四。西为对读房八,供给房十七。堂之东为誊录房十七,受卷、弥封各四。西为对读房八,供给房十七。衡监之后为公明堂,庖湢之所咸具。自"至公"之上为凌云轩,至公之南为文闱门,南为贡院坊。又跨东西为二坊对立,文闱之南,又为重门二,纵横各三十余丈。列为湘房,规制甚密。又于屏山之上为凌云楼,宾兴之前临长街,为贡院坊。又跨东西为二坊对立,曰宾兴,曰登俊。衔南出,旧有丽文坊,亦更新之。位序显严,彩绘鲜耀,内外瓮城,四周重垣,咸极完致	《福建贡院记》摘录于《福州府志(下册)》

贡院名称	建筑规制及形制布局记载	史料来源
浙江贡院	于是新选秀堂,而轩于其前为五盈。新至公堂,而轩于其前为五楹,庖湢器用,无不备具。又拓明远楼以为三檐,而上栠三道,下疏三道,靡不格修。创石台于台下四隅,而各亭其上,以为眺望之所,其诸防闲之道,东西庑为授卷、弥封、誊录、对读所,堂后为穿堂,后堂为公堂,曰明远。又抉为外仪门,庖湢在堂之前。其试场在至公堂路东西,巡绰、供给等执事官房在仪门之外	《中华传世文选·明文在》《武林坊巷志·第六册》
山东贡院	至公堂、明远楼,则因其旧而稍新之。受卷、弥封、提调、监临、誊录,对读四所,分别建之左右,其视旧广三之一;监临、提调、监试,凡三所,咸有序次,而供给所则置于堂之东南隅,此帘外也。帘内,考试官较艺有房,而增置者又六间,东厨五间。至于举子场屋,旧尝以席舍为之,乃易以板,凡二千二百有余间	《历城县志正续合编1》
山西贡院	正统十年建牌坊三间,额曰登明公,明远楼额曰为国求贤,又曰日监,在瓷瞭望楼四,额曰东观西璧,斗横宿耀,供给有所,吏承有房。号舍万余间,至公堂七间,弥封、对读、誊录、受卷各一所。添鉴堂五间,内帘抡才堂五间,五经房十二间,提调、监试、收掌试卷馆各一卷馆一	《山西通志·卷37》

贡院名称	建筑规制及形制布局记载	史料来源
广西贡院	监临有堂，考校有堂，自堂至庭，自庭至门，自门至于通衢，黝垩陶甓，次第一新。庭中有楼，扁以"明远"而门，于其南则揭"桂香"，以待后来试士荐增，亦无不可容者。徒仪门于旧大街之西。门内左右创者三："应奎"、"起凤"二楼。外为大门。其南正中及街之东西，树绰楔者三：中曰"天开文运"，东曰"明经取士"，西曰"荐贤为国"。山崎鸾飞，见者喷喷叹美，举下至庖厨井福，道路墙墉，与夫宿吏卒之所，养性之房，经画布置，举惬众望	《广西通志》
四川贡院	不详	不详
云南贡院	区中为至公之堂，其东曰受卷，曰誊录，曰弥封，曰对读，凡四所附以厨库而翼于堂之两厂；堂之后有校文之房，明窗净几，相去堂仅二步许，而间间以垣庠，有事之际则严别内外，而扃去堂秀之门，亦若堂然。虚其门中，可以坐停，乃敞其外地以为试场，而蔽以重屋之门，命同蔡者居其上，以探场中之弊；又其外，则缭以崇垣，而总以正门，题之曰贡院	《云大文化史料选编》
贵州贡院	中为明远楼，后为至公堂，后为天监堂，堂之东西为誊录、受卷、弥封，对读四所，堂之后为内帘，有门，扁曰"桂香深处"，有堂扁曰"文衡"，左列屋为考官阅卷之所。至公堂左为监临，右为提调，前为文场。场之前为门为门三重，供给所在三门外，而延会搜检，巡绰则有居于场。场之前为门为门三重，供给所在三门外，而延会搜检，巡绰则有居于天门——文运门之左右	(嘉靖)《贵州通志·卷12》

附录五　清代贡院建筑形制史料表

贡院名称	形制布局	史料来源
江南贡院	有坊，坊曰"旁求俊乂"、"登进贤良"，程恩泽书也。其大门外，坊曰"辟门"、"呼俊"，"呼俊"篆书，仍为程侍郎书。初分东西路点名，今以人众为三路，其中路用木作浮梁，南达钞库衔黄公祠侧，盖昔之人数万五千，今且两万余，故也。其大门内为碑亭，左、右曰"整齐"、"严肃"，官廨各三间，其右二门，门曰五，中曰"天开文运"，东曰"搏鹏"，西曰"起凤"，堂左又曰国求贤，为"龙门"。二门内为砖门，后为砖门。门内有池，门内隔稀相贺而已。衡鉴堂左右有墙门，其内为同考监临，右内提调厅，石梁曰"飞虹桥"，桥北板曰"衡鉴门，中秋日监临，主司隔稀相贺而已。衡鉴堂左右有墙门，其内为同考堂"，阅文处也。又后为主司卧室。板门内为广苑，苑北曰"衡鉴"，官房，内帘监试房，其余兼从，厨、福皆皆焉。龙门坊左右曰东西"龙腮号"，进水之所，故患淤洳	《上江两县志》
京师贡院	南向大门五楹，门外树绰楔三，中曰"天开文运"，东曰"明经取士"，西曰"为国求贤"。外又为缭垣，开门四，谓之砖门。大门内为二门，亦五楹。再内为龙门，由甬道过明远楼下，直达至公堂……明远楼旧在中，瞭望亭居其四角，自增建后，号舍亦居其南。乃更增二亭于北，凡六亭	《天咫偶闻》

贡院名称	形制布局	史料来源
广东贡院	中为明远楼,东西号舍各五千间,土子构思属文之所也。北为堂三进,曰"至公",曰"戒慎",曰"聚奎"。戒慎堂左右,则监临、提调、监试所也,进为横道门焉,以分内外帘。其聚奎堂,则主考署也。左右各有厅房,为廪兴之室,两旁适中,雁行为房各六,亦南向,则五经房考邸也。外帘收卷、掌卷、对读、弥封、誊录,供给各所,则在至公堂左右。明远楼之前为仪门,又前为大门,学使各总名与府县休憩即在其左右。 自大门至屏墙更宽,为诸生应点地外三门,内三堂,主考、监试众官居五十余所,大者宏整,小者完固。号舍八千一百五十四间,板厚而平,铺地以砖,甃巷以石,通其沟,浚其井,皆如其旧,而材与工有加焉。惟誊录所地隘,以对读厅并入之,而伐树辟地为对读厅,此则改其旧者,曰三堂,曰至公堂,曰戒慎堂,曰聚奎堂	《广州碑刻集》
河南贡院	堂楼舍所,悉仍旧制,拆其可者移之而来,余则补之,不可无者增之,如此而已。 惟至公堂誊录所完固,仍其旧,余率重建……计修建公所七百八十二间,重建号舍各万有九千,葺复各者千八百五十七,凿井五	《开封市志·第6册》
湖北贡院	承袭明代旧制,具体记载不详	《湖北通志·卷18》

贡院名称	形制布局	史料来源
陕西贡院	规制悉如旧，而工程加坚	《重修陕西贡院记》
江西贡院	前立三门，中为明远楼，楼北至公堂，堂后间以墙，为簾门门内为协一堂，公阅试卷。左右两庑居五经房考官，居两主司，后改联璧堂，为监临居。两披列屋东十七间，西十八间，为分校同考官居。改协一堂曰至明，又改至清。两庑及西偏屋为内监试公廨，至清堂左为监临公廨，对读、誊录、掌卷等所，别以垣墙。堂前列士子号舍，外置供给所。监临公廨前左为受卷、弥封、誊录、对读、掌卷等所，别以垣墙，设东西二坊，曰腾蛟、日起凤，后易以天衢、云路	(光绪)《江西通志·卷67》
福建贡院	承袭明代旧制，具体记载不详	一
浙江贡院	中为公堂，堂左右监临别署，西曰受卷所，前南路之中为明远楼，东西为文场，四隅为瞭高楼，甬路之南为坊曰登龙门，又南为仪门。至公堂之后为协忠堂，为监试房，文用庠为誊录，监临行台，西为对读，东为巡绰所，东为三司厅，西为五经房。仪门之外，东为外供给腾蛟所。二门之外，西为外供给腾蛟所。大门之外，东西长廊，为儒生候立处。中"天开文运"牌，东旧"腾蛟"牌，西旧"起凤"牌，今"为国求贤"牌。折南通西日登云桥，又西为贡院牌	《武林坊巷志》第六册

108

贡院名称	形制布局	史料来源
	光绪己卯，建蓬厂二十六间，为士子保点时憩息之所。复以东西之南余地建屋卅余楹，为文武巡绰驻扎之所。又以誊录所地狭人众，其东已无可展拓，惟西边对该所后围墙处有隙地十亩有奇，半属居民纳赋之地，悉如前值而购之。其地三面距河，中有土阜，高与墙齐，遂移其土而筑垣，就中添建房廊七十三间，为对读所。其旧之对读所，改为誊录所，仍由中路而进	
山东贡院	继承明制；概予建筑，焕然一新	《历城县志正续合编3》
山西贡院	其大门三楹，前立三门柱四牌坊……整个贡院分东西点名厅，东西大棚坊，前明远楼，四座瞭望楼，大公堂，吏承所，弥封所，对读所，誊录所，受卷所，衡鉴堂、藻鉴堂，东监院，抢才堂，五经房，文昌祠，提调监试馆以及东西号房四千余座	《古城衢陌》
广西贡院	粤西贡院，自康熙辛酉移建今所，厮宇号舍，规模略备。雍正甲辰，前中丞孔公增修西文场号舍，墙垣宏敞。奈西通玉皇阁，无地可拓，誊录、弥封各廨，为数仅二十间，受事八九百人！……盖迁玉皇阁于贡院后高原，以其地植高东垣，丈尺短长，视地为埤。计新立誊录、对读二所官厅各五间，所房各二十五间，又改建弥封、受卷二所房一十有六，外庖厨九间	《临桂县志·中1》
四川贡院	其成堂楼院所大小五百余间，如明远楼，监试，内外宿官住院，至公堂、清明堂、衡文堂，文昌殿及监临主考提调，抄录房十五间，受卷建弥封所一院，布科所共十余间。又添建弥封所所，虽牵循旧制，但高大宏敞	《成都县志》

贡院名称	形制布局	史料来源
云南贡院	抡才堂增一间,东西各分三间,开户南向,廊庑厨舍,垣而成院。房考南北对向,为屋十间,东西佐以廊庑。衡鉴堂之右起门房三间,主司同考联袂而出,赴衡鉴堂阅文。监临、提调仍旧制。试廊之监试署,试北隙地足之建堂之峙,而绝其南之峙。巡复、书育、工匠建屋六十五座,各归宁宇,彼此不侵。至公堂东西建门房三间,左右对峙,由左而东为收掌试卷署,次为读卷署,又其次去洼地号舍为誊录房四十间,对读房二十一间,用大板长木连为桌橙,不致倾倒,亦复临时征取,以免关防。由右而西为受卷处封署,其西起号屋数间为弥封署,次为对读署,次为誊录房旧址,直抵北城,增为新号之堂。药、饵、书、录、巡、员、役各有专堂	《云大文化史料选编》
甘肃贡院	中为至公堂,堂前为明远楼,楼左右为南北号房,西为龙门,为连三门,为大门,均有穿廊,大门左右有两廊,有点名厅,有搜检厅,左廊尽处有土地祠,前为闹墙,有南文场门,北文场门,门内俱有点名厅,门外通南为外官厅,为外供给所;至公堂后有牌坊、栅栏,栏内南为执事委员厅,北为受卷所,后为观成堂,堂前有水池,池有桥,左右有工字过厅,南为监临署,为提调署,监临署后为内官厅,署东为对读所,北为监视道所署,署东为各房科,门右左为内供给所,为誊录所,门内左为监试署,右为内为走廊,中为穿廊接内官门,门右左为官厅,门左右为内收掌署,中为衡鉴堂,堂左为南衡文署,右为北衡文署,门内左为南五房,右为北五房,跌到为录榜所	《甘肃新通志·卷31》

贡院名称	形制布局	史料来源
湖南贡院	雍正元年钦奉恩旨，湖北湖南分闱，考试仍即书院为贡院。添建头门、龙门三间，望楼四座，鼓楼二座，东西官厅八间，至公堂、衡鉴堂、监临、提调、监试、公廨暨对读、供给等所共五间，内帘房舍三十二间，号舍八千五百间……雍正十二年，辕门于外，改头门于龙门，为头头门，为内供给，为鼓亭，改龙门为明远楼，西为西官厅，西为四千间，东西号舍千间，东后为内供给，东角门，掌卷所，最后为誊录所，对读所，弥封所，衡鉴堂内帘堂内监临院，监临、提调、监试、监试署俱仍旧	（光绪）《湖南通志 2》
贵州贡院	承袭明代旧制，具体记载不详	—

参考文献

一、古籍

[1] 孔宪易,校注.如梦录[M].郑州:中州古籍出版社,1984

[2] (明)程三省,李登,纂修.金陵全书甲编方志类县志1[M].南京:南京出版社,2010

[3] (明)程嗣功,(明)王一化,纂修.万历应天府志32卷[M].济南:齐鲁书社,1996

[4] (明)谢东山,(明)张道,纂修.嘉靖、贵州通志12卷[M].济南:齐鲁书社,1996

[5] (明)薛熙,编.中华传世文选·明文在[M].长春:吉林人民出版社,1998

[6] (明)喻政主,修;福州市地方志编纂委员会整理.福州府志 下[M].福州:海风出版社,2001

[7] (明)赵廷瑞,修;马理,吕楠,纂;董健桥,总校点.陕西通志[M].西安:三秦出版社,2006

[8] (清)丁丙,编撰.武林坊巷志[M].5册.杭州:浙江人民出版社,1987

[9] (清)龚嘉儁,修;(清)李榕,纂.杭州府志[M].台北:成文出版社,1974

[10] (清)李瀚章,等编纂.湖湘文库 光绪湖南通志2[M].长沙:岳麓书社,2009

[11] (清)李玉宣,等修;(清)衷兴,等纂.同治重修成都县志[M].成都:巴蜀书社,1992

[12] (清)莫祥之,(清)甘绍盘,修;(清)汪士铎,等纂.(同治)上江两县志[M].南京:江苏古籍出版社,1991

[13] (清)莫祥之,(清)甘绍盘,修;(清)汪士铎,等纂.同治上江

两县志[M].南京:江苏古籍出版社,1991

[14] (清)升允,安维峻,修纂.甘肃新通志 [M].扬州:江苏广陵古籍刻印社,1989

[15] (清)宋敏求.宋著长安志[M].西安:太白文艺出版社,2007

[16] (清)王轩,等撰.山西通志[M].1—8 册.北京:华文书局股份有限公司,1969

[17] (清)魏元旷.南昌文征 一、二、三 [M].台北:成文出版社,1970

[18] (清)吴廷锡,等纂.续修陕西通志稿[M].兰州:兰州古籍书店,1990

[19] (清)吴廷燮,等纂.北京市志稿 9 金石志[M].北京:燕山出版社,1998

[20] (清)谢启昆,修;(清)胡虔,纂.广西通志[M].1—10 册.桂林:广西人民出版社,1988

[21] (清)徐珂,编撰.清稗类钞[M].1 册.北京:中华书局,1984

[22] (清)张仲炘,杨承禧,等撰.湖北通志[M].北京:京华书局,1967

[23] (清)张仲炘,杨承禧,等撰.湖北通志[M].1—8 册.北京:京华书局,1967

[24] (清)震钧.天咫偶闻 [M].1—10 卷.北京:古籍出版社,1982

[25] (清)钟赓起.甘州府志校注 [M].兰州:甘肃文化出版社,2008

[26] 全库全书存目丛书编纂委员会.四库全书存目丛书.史部[M].193 册.济南:齐鲁书社,1996

[27] 四库全书存目丛书编队编纂委员会.四库全书存目丛书.史部[M].196 册.济南:齐鲁书社,1996

[28] (宋)李焘,著;(清)黄以周,等辑补.续资治通鉴长编[M].上海:上海古籍出版社,1986

[29] (宋)梁克家,纂;福建省地方志编纂委员会,整理.三山志 明万历癸丑刊本[M].北京:方志出版社,2004

[30] (宋)宋常山,著;(明)毛杰昌,校勘.宋著长安志[M].西安:太白文艺出版社,2007

[31] (宋)吴自牧,著;符均,张社国,校注.梦粱录[M].西安:三秦出版社,2004

[32] (宋)周应合,纂.景定建康志[M].南京:南京出版社,2009

[33] 天津图书馆古籍部,编辑.祥符县志[M].天津:天津古籍出版社,1989

[34] 王晓波,李勇先,张保见,等点校.宋元珍稀地方志丛刊甲编2[M].成都:四川大学出版社,2007

[35] (元)骆天骧,撰;黄永年,点校.类编长安志[M].西安:三秦出版社,2006

[36] 张华松,等点校.历城县志正续合编[M].济南:济南出版社,2007

二、专著

[1] 福建省地方志编纂委员会编;卢美松主编.中华人民共和国地方志.福建省志.福建省历史地图集[M].福州:福建省地图出版社,2004

[2] 龚笃清.明代科举图鉴[M].长沙:岳麓书社,2007

[3] 古永继,点校.滇黔志略点校[M].贵阳:贵州人民出版社,2008

[4] 顾明远,主编.教育大辞典8[M].上海:上海教育出版社,1991

[5] 郭黛姮,主编.中国古代建筑史[M].3卷.北京:中国建筑工业出版社,2003

[6] 郭培贵.明代科举史事编年考证[M].北京:科学出版社,2008

[7] 河北省古代建筑保护研究所.文物保护工程设计方案集[M].石家庄:花山文艺出版社,2007

[8] 黄佛颐,编纂;仇江,等点注.广州城坊志[M].广州:广东人民出版社,1994

[9] 开封市地方志编纂委员会.开封市志[M].6册.北京:燕山出

版社,2001

[10] 刘海峰.科举学导论[M].武汉:华中师范大学出版社,2005

[11] 刘兆.清代科举[M].台北:东大图书股份有限公司,1979

[12] (美)丁韪良(W. A. P. Martin),著;沈弘,等译.花甲忆记.一位美国传教士眼中的晚清帝国[M].桂林:广西师范大学出版社,2004

[13] 南京市秦淮区地方志编纂委员会.秦淮区志[M].北京:方志出版社,2003

[14] 潘谷西,主编.中国古代建筑史[M].4卷.北京:中国建筑工业出版社,2001

[15] 时呈忠.南京夫子庙志略[M].北京:中国工人出版社,2005

[16] 史红帅.穿越陕甘[M].上海:上海科学技术文献出版社,2010

[17] 王定保,撰;姜汉椿,校注.唐摭言校注[M].上海:上海社会科学院出版社,2003

[18] 王国平,主编;何忠礼,著.南宋科举制度史 南宋专题史[M].北京:人民出版社,2009

[19] 王云海.宋会要辑稿考校[M].郑州:河南大学出版社,2008

[20] 冼剑民,陈鸿钧.广州碑刻集[M].广州:广东高等教育出版社,2006

[21] 杨庆化,李克明.汴京沧桑:开封龙亭[M].郑州:河南大学出版社,2003

[22] 杨瑞武.古城衢陌[M].太原:山西人民出版社,1999

[23] 杨学为,总主编;张海鹏,孙培青,主编.中国考试史文献集成[M].1—2卷.北京:高等教育出版社,2003

[24] 杨正宽,黄有兴,等编纂.重修台湾省通志[R].台湾省文献委员会,1997

[25] 叶兆言.老明信片·南京旧影[M].南京:南京出版社,2011

[26] 应金华,樊丙庚.四川历史文化名城[M].成都:四川人民出版社,2001

[27] 张建新,董云川.云大文化史料选[M].昆明:云南大学出版

社，2006

[28] 张希清.中国科举考试制度[M].北京:新华出版社,1993

[29] 张驭寰.中国古代县城规划图详解[M].北京:科学出版社,2007

[30] 张政.中国古代职官大辞典[M].郑州:河南人民出版社,1990

[31] 朱方.靖江春秋[M].北京:中央文献出版社,2006

三、硕博论文

[1] 方慧.宋代福建科举文化研究[D].福建师范大学,2008

[2] 姜传松.清代江西乡试研究[D].厦门大学,2009

[3] 卢志永.西方文化影响下的河南大学近代教育建筑研究[D].北京建筑工程学院,2010

[4] 史红帅.明清时期西安城市历史地理若干问题研究[D].陕西师范大学,2000

[5] 王凯旋.明代科举制度研究[D].吉林大学,2005

[6] 张新明.巴蜀建筑史——元明清时期[D].重庆大学,2010

四、期刊和会议论文

[1] 邓明.明远楼与甘肃贡院的兴废[J].档案,2008(5)

[2] 冯海清.河南贡院与中国科举制度的终结[J].兰台世界,2008(18)

[3] 何忠礼.北宋礼部贡院场所考略[J].河南大学学报(社会科学版),1993(4)

[4] 黄雅君,陈宁宁.河南贡院——科举考试的最后一抹亮色[J].兰台世界,2011(26)

[5] 姜传松.江西贡院史探[M].刘海峰主编.科举学的形成与发展.武汉:华中师范大学出版社,2009

[6] 李兵.明清贡院漫谈[J]//上海中国科举博物馆,上海嘉定博物馆.2007科举学论丛,2007(2):8

[7] 梁庚尧.南宋的贡院[M].刘海峰编.二十世纪科举研究论文选编.武汉:武汉大学出版社,2009

[8] 刘海峰.探访广东贡院明远楼[J].科举学论丛,2008(5)

[9] 刘青,李齐.定州贡院勘察报告及修缮方案[J].古建园林技术, 2004(1)

[10] 沈旸.秦淮河畔夫子庙学与庙市合一[J].建筑与文化,2008(9)

[11] 宋元强.略述新面世的几件清代科举文物[A]//刘海峰主编. 科举学的形成与发展.武汉:华中师范大学出版社,2009

[12] 王凯旋.明代科举三级考试探议[J].辽宁大学学报,2009(4): 84-95

[13] 朱晓冉.南宋建康府贡院地望考证[J].山西建筑,2009(3):8

图表来源

图 0-1 来源:作者根据江南贡院博物馆展览图片加以绘制

图 0-2 来源:作者拍摄

图 1-1 来源:http://baike.baidu.com

图 1-2 来源:潘谷西.中国建筑史[M].北京:中国建筑工业出版社,2009.

图 1-3 来源:宋代《景定建康志》卷之五

图 1-4 来源:宋代《景定建康志》卷之五

图 1-5 底图来源:http://baike.baidu.com

图 1-6 来源:http://baike.baidu.com

图 2-1 来源:《福州府志》

图 2-2 底图来源:《祥符县志》

图 2-3 底图来源:《建筑历史与理论 第六、七合辑》

图 2-4 底图来源:《四川历史文化名城》

图 2-5 来源:《金陵全书:万历上元县志·卷之一》

图 2-6 来源:《杭州府志》

图 2-7 来源:《四库全书存目丛书·史部》第 196 册湖广总志

图 2-8 底图来源:《史部·地理类 四库全书存目丛书》第 193 册

图 2-9 底图来源:《中国古代县城规划图详解》

图 2-10 底图来源:《四川历史文化名城》

图 2-11 底图来源:《中国建筑史》

图 3-1 来源:《烟雨楼台:北京大学图书馆藏西籍中的清代建筑图像》

图 3-2 来源:http://tupian.hudong.com

图 3-3、图 3-4 来源:作者绘制

图 3-5 来源:作者拍摄于江南贡院博物馆

建筑图像》

图 4-18　来源:邓明.明远楼与甘肃贡院的兴废.档案[J].2008 (5):8

图 4-19　来源:《烟雨楼台:北京大学图书馆藏西籍中的清代建筑图像》

图 4-20　来源:百度图片 http://image.baidu.com

图 4-21　来源:照片中国/高清晰老照片网　http://www.picturechina.com.cn

图 4-22　来源:胡同图片网　http://tupian.hudong.com

图 4-23　来源:郭华瑜于 2011 年拍摄

图 4-24　来源:孙璨于 2011 年拍摄

图 4-25　来源:中国记忆网 http://www.memoryofchina.org

表 1-1　作者自制

表 1-2　来源:何忠礼.北宋礼部贡院场所考略[J].河南大学学报(社会科学版),1993(4):8

表 1-3　来源:根据梁庚尧.南宋的贡院[A].刘海峰,编.二十世纪科举研究论文选编[C].武汉大学出版社,2009.8:452-474 整理

表 1-4　来源:《景定建康志卷之三十二·儒学志五》摘录于王晓波,李勇先,张保见,等点校.宋元珍稀地方志丛刊·甲编(二)[M].成都:四川大学出版社,2007:1474-1484

表 2-1、表 2-2　来源:作者自制

表 3-1　来源:作者自制

附录一至附录五　来源:作者自制

后记

　　研究生阶段的学习终于在此画上了一个句号,兴奋之余更有感激之情。

　　首先要感谢导师郭华瑜教授,从论文选题到写作定稿,都倾注了郭老师大量的心血。在我攻读硕士研究生期间,深深受益于郭老师的关心和教导,导师为人师表的风范和严谨治学的态度对我必将产生积极而深远的影响。作为她的学生,我感到非常幸运。在此谨向郭老师表示我最诚挚的敬意和感谢!

　　衷心感谢赵和生教授、施梁教授、陈军教授、单踊教授、鲍莉教授、朱馥艺教授在论文答辩时给予的宝贵建议与指点。

　　感谢上海嘉定科举博物馆在调研之初给予的热心帮助与无私的关注。感谢陕西师范大学史红帅教授,远在日本游学期间还不忘及时回复我的邮件,并热心地提供陕西贡院地方志的资料。感谢浙江省杭州高级中学档案馆的工作人员,为我提供了杭州贡院宝贵的古地图。感谢南京图书馆古籍阅览室的各位工作人员,正是他们的敬业与耐心,使我在较短的时间内获得了尽可能多的史志资料。

　　感谢一直关心与支持我的"812"工作室的同学们,尤其是胡金同学,经常与他的交流常常使我获得意外的收获和灵感;感谢张宇梁、潘彦、陈扬去明孝陵看到《老明信片·南京旧影》这本书上有贡院老照片时不忘给我拍回来;感谢王兢同学提供给我美国杜克大学电子图书馆收藏的高清晰的贡院老照片;感谢郭华瑜老师和孙璨老师给我从兰州拍回的珍贵照片;我还要特别感谢与我同窗八年的同学赵晶,是她陪同我一起去北京国子监和河北定州贡院考察,是他们给了我莫大的鼓舞和支持。

　　由于研究的专业性,要求查阅大量古籍、论著等学术成果,"读秀"提供了一个极为高效的查找、获取各种类型学术文献资料的途径,其周到的参考咨询服务更是让我受益匪浅。

感谢所有关心我的人,我将以加倍的努力去迎接美好的未来。

感谢东南大学出版社在本书出版中所给予的帮助!

最后,将论文献给呵护和关爱我的亲人们! 祝愿他们健康长寿!

马丽萍

2013 年 6 月